面向21世纪国家示范性高职院校实训规划系列

机电一体化高级工培训

实训指导书

主　编　刘保朝
副主编　吕金焕
主　审　段文洁

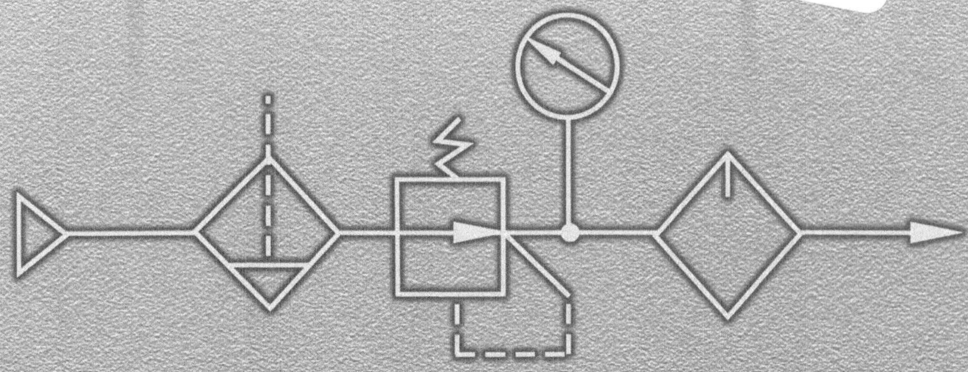

西安交通大学出版社
XI'AN JIAOTONG UNIVERSITY PRESS

内容简介

本书以 THJDME-1 实训装置为载体，通过十三个教学项目，把机电一体化技术要求的机械图和电气图的分析能力、对机电设备中常用元器件的应用和安装能力、选择元器件能力、故障诊断与排除的一般方法能力、机电一体化设备的操作技能、步进电机和变频器技术融入到教学中，便于师生按照"教、学、做一体"模式开展教学和训练。

本书可作为高职高专院校、成人教育、职业技能培训的电气自动化、机电一体化、数控技术、数控维修等专业的实训教学用书。另外，可作为中专相关专业的教学用书，满足以上专业学生实训期间的指导要求。

图书在版编目(CIP)数据

机电一体化高级工培训实训指导书/刘保朝主编. —西安：西安交通大学出版社，2014.12(2019.12 重印)
ISBN 978 - 7 - 5605 - 6867 - 6

Ⅰ.①机… Ⅱ.①刘… Ⅲ.①机电一体化-技术培训-自学参考资料 Ⅳ.①TH - 39

中国版本图书馆 CIP 数据核字(2014)第 276251 号

书　　名 机电一体化高级工培训实训指导书
主　　编 刘保朝
责任编辑 杨　璠

出版发行 西安交通大学出版社
(西安市兴庆南路 1 号　邮政编码 710048)
网　　址 http://www.xjtupress.com
电　　话 (029)82668357　82667874(发行中心)
(029)82668315(总编办)
传　　真 (029)82668280
印　　刷 西安日报社印务中心

开　　本 787mm×1092mm　1/16　**印张** 5　**字数** 114 千字
版次印次 2016 年 1 月第 1 版　2019 年 12 月第 2 次印刷
书　　号 ISBN 978 - 7 - 5605 - 6867 - 6
定　　价 11.90 元

读者购书、书店添货，如发现印装质量问题，请与本社发行中心联系、调换。
订购热线：(029)82665248　(029)82665249
投稿热线：(029)82668818　QQ:8377981
读者信箱：lg_book@163.com

前言 Preface

“机电一体化高级工培训”是为机电专业学生进行机电一体化应用技术培训、机电一体化操作技能鉴定而开设的一门集理论、实践于一体的课程。其目的是要通过对典型机电一体化设备的机械、电气、气动、信号检测、PLC控制的安装与调试和控制系统的设计与调试等内容的学习，增强学生在机电一体化技术方面的理论修养和动手操作能力，并为学生考取机电一体化高级工的职业资格证服务。

本书是根据机电专业学生需要进行机电专业技能培养，结合编者的实际培训教学经验，并为学生考取机电一体化高级工服务而编写的指导教材。在教学过程中经过不断实践、探索与修改。

本书内容选取和培训重点紧扣《机电一体化职业技能等级培训认证（高级工）》大纲。不但重视学生应试能力培养，而且贴近工作岗位的典型工作任务，注重实际操作能力培训。

本书在编写的过程中，参考了一些文献中的内容，在此对这些文献的作者表示诚挚的感谢。由于时间比较仓促，加之编者水平所限，书中不足之处在所难免，敬请读者批评指正。

编　者

2014年6月

目录 Contents

实训项目一　认知 THJDME 实训考核设备

一、实训目的

(1)了解 THJDME－1 型实训装置的功能、各部件的组成及工作过程；

(2)掌握 THJDME－1 工艺流程。

二、实训设备

(1)THJDME－1 型实训装置；

(2)编程计算机。

三、THJDME 实训装置的组成

1. THJDME－1 实训装置

THJDME－1 实训装置是一种最为典型的机电一体化产品，是为职业院校、职业教育培训机构而研制的，适合机电一体化、电气自动化等相关专业的教学和培训。它在接近工业生产制造现场的基础上又针对教学及实训目的进行了专门设计，强化了机电一体化的安装与调试能力。采用开放式和拆装式结构设计，可根据现有的机械部件组装生产设备，使整个装置能够灵活地按实训教学需要组装机电一体化设备。装置采用工业标准结构设计及抽屉式模块放置架，组合方便。控制对象均采用典型机电设备部件，接近工业现场环境，满足实训教学或技能竞赛需求，并涵盖了机电一体化和电气自动化专业中所涉及的 PLC 控制、变频调速、步进调速、传感器检测、气动、机械结构安装与系统调试等内容。为培养可持续发展的机电一体化高技能人才提供了一个良好的平台。THJDME－1 实训装置外观如图 1－1 所示。

图 1－1　THJDME 实训装置外观

2. THJDME－1 实训装置的组成

装置由导轨式型材实训台、电源模块、按钮模块、PLC 模块、变频器模块、交流电机模块、步进电机及驱动器模块、模拟生产设备实训单元(包含供料单元、搬运机械手、皮带输送线、物件分拣等)、各种传感器、工件、I/O 接口板和气管等组成。在设备上应用了多种类型的传感器，分别用于判断物体的运动位置、物体通过的状态、物体的颜色及材质等。传感器技术是机电一体化技术中的关键技术之一，是现代工业实现高度自动化的前提之一。THJDME6－1 实训装置的组成详见表 1－1。

表 1－1 THJDME－1 实训装置的组成

序号	名称	主要元件规格或功能	数量
1	型材实训台	1200 mm×800 mm×840 mm	1 台
2	触摸屏组件	5.7 英寸工业彩色触摸屏	1 块
3	西门子 PLC 主机、变频器模块	CPU226CN(DC/DC/DC)＋EM222 CN 8 路输出扩展模块，继电器	1 台
		MM420，三相输入，功率：0.75 kW	1 台
4	电源模块	三相电源总开关(带漏电和短路保护)1 个，熔断器 3 只，单相电源插座 2 个，三相五线电源输出 1 组	1 件
5	按钮模块	开关电源 24 V/6 A 1 只，急停按钮 1 只，复位按钮黄、绿、红各 1 只，自锁按钮黄、绿、红各 1 只，转换开关 2 只，蜂鸣器 1 只，24 V 指示灯黄、绿、红各 2 只	1 件
6	井式供料单元	井式工件库 1 件，物料推出机构 1 件，光电传感器 2 只，磁性开关 2 只，单杆气缸 1 只，单控电磁阀 1 只，警示灯 1 只，主要完成将工件库中的工件依次推出	1 件
7	搬运机械手机构	单杆气缸 1 只，双杆气缸 1 只，气动手爪 1 只，电感传感器 1 只，磁性开关 5 只，行程开关 2 只，步进电机 1 只，步进驱动器 1 只，单控电磁阀 2 只，双控电磁阀 1 只。主要完成将工件从上料台搬运到输送带上	1 件
8	皮带输送机构	三相交流减速电机(AC380V，输出转速 130r/min)1 台，滚动轴承 4 只，滚轮 2 只，传输带 1500 mm×67 mm×2 mm 1 条，主要完成将工件输送到分拣区	1 件
9	物件分拣机构	旋转气缸，电感传感器 1 只，光纤传感器 1 只，漫反射式光电传感器 1 只，对射式光电传感器 1 对，磁性开关 4 只，物料分拣槽 3 个，导料块 2 只，单控电磁阀 2 只，完成物料的分拣工作	1 件
10	接线端子转换板	接线端子和安全插座	1 块
11	物料	金属(铝)4 个，尼龙黑白各 4 个	12 个

续表 1-1

序号	名称	主要元件规格或功能	数量
、12	实训导线	强电导线/弱电导线若干	1套
13	气管	ϕ4/ϕ6若干	1套
14	PLC编程电缆	配套PLC使用	1条
15	配套光盘	PLC编程软件(DEMO)、使用手册、程序等	1套
16	配套工具	工具箱:十字长柄螺丝刀,中、小号十字螺丝刀,钟表螺丝刀,剥线钳,尖嘴钳,剪刀,电烙铁,镊子,活动扳手,内六角扳手	1套
17	挂线架	TH-JD20	1个
18	静音气泵	0.6～0.8 MPa	1台
19	电脑推车	TH-JD21	1台
20	计算机	品牌计算机	1台

四、THJDME-1实训装置工艺流程

THJDME-1装置模拟自动化生产过程,实现物料供应、搬运、传送和分拣整个过程的自动化,具体工作流程如图1-2所示。

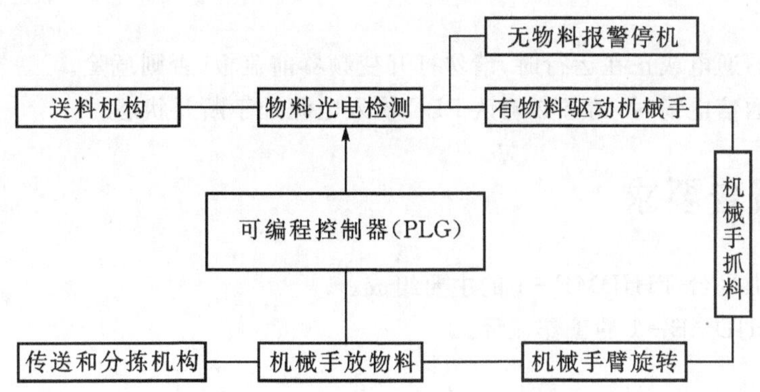

图1-2　THJDME-1的工作流程方框图

五、各单元功能

1.供料单元

供料单元结构将工件依次送至存放料台上。没有工件时,报警指示黄灯闪烁,放入工件后闪烁自动停止。

2.搬运机械手机构

搬运机械手机构结构将物料由物料台搬运到输送线上。

3. 成品分拣机构

成品分拣机构结构主要完成物料的输送、分拣任务。

六、THJDME-1 实训装置技术性能

(1)输入电源:三相四线(或三相五线)～380 V±10% ,50 Hz。

(2)工作环境:温度－10℃～40℃,相对湿度≤85%(25℃),海拔<4000 m。

(3)装置容量:≤1.5 kV·A。

(4)外形尺寸:120 cm×80 cm×130 cm。

(5)安全保护:具有漏电压、漏电流保护,安全符合国家标准实训工作任务。

七、THJDME-1 实训装置使用安全说明

(1)在进行安装、接线等操作时,务必在切断电源后进行,以避免发生事故。

(2)在进行配线时,请勿将配线屑或导电物落入可编程控制器或变频器内。

(3)请勿将异常电压接入 PLC 或变频器电源输入端,以避免损坏 PLC 或变频器。

(4)请勿将 AC 电源接于 PLC 或变频器输入/输出端子上,以避免烧坏 PLC 或变频器,请仔细检查接线是否有误。

(5)在变频器输出端子(U、V、W)处不要连接交流电源,以避免受伤及火灾,请仔细检查接线是否有误。

(6)当变频器通电或正在运行时,请勿打开变频器前盖板,否则危险。

(7)在插拔通信电缆时,请务必确认 PLC 输入电源处于断开状态。

八、实训报告要求

(1)写出实训平台 THJDME-1 的主要组成。

(2)叙述 THJDME-1 的工作流程。

实训项目二　供料单元实训

一、实训目的

(1)掌握供料单元的结构组成、功能及工作过程；

(2)训练供料单元的安装与调整技能。

二、实训设备

THJDME－1 型实训装置的供料单元。

三、实训内容

1. 供料单元的主要结构组成

供料单元的主要结构组成包括:安装支架、井式工件库、光电传感器、工件、存放料台、推料气缸等,如图 2－1 所示。

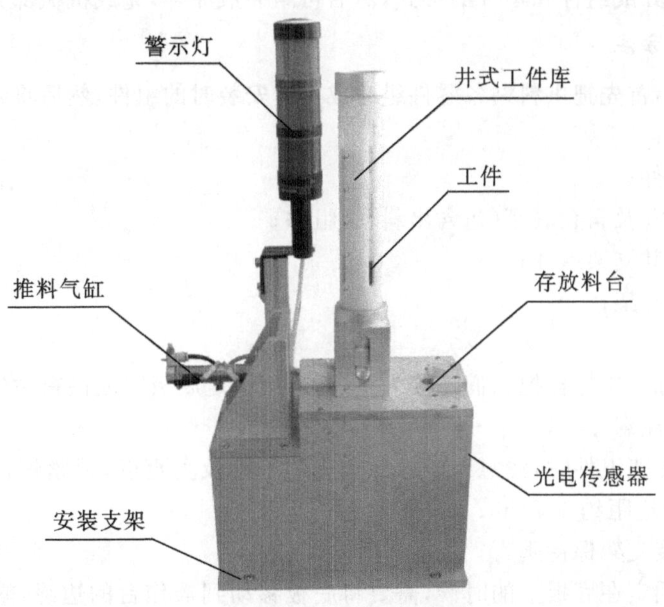

图 2－1　供料单元结构

其主要技术指标如下：

光电传感器:E3Z-LS63、SB03-1K；

磁性传感器：D-A73；

单杆气缸：CDJ2B16-75-A；

警示灯：JD501-L01G/R/Y024。

2.功能

供料单元的功能是将工件依次送至存放料台上。如果没有工件，报警指示黄灯闪烁；放入工件后，闪烁自动停止。

3.工作过程

供料单元的工作过程是：安装支架用于安装工件库和推料气缸。井式工件库用于存放 ϕ32mm 工件，料筒侧面有观察槽。物料检测传感器(光电漫反射型光电传感器)检测到有物料时就为 PLC 提供一个输入信号，启动推料气缸将物料推出到存放料台。推料气缸由单相电控气阀控制，依次将工件推到存放料台上。同时，在设备停止时警示红灯亮，在设备运行时警示绿灯亮，在无物料时警示黄灯闪烁。

在复位完成后，点动"启动"按钮，料筒光电传感器检测到有工件时，推料气缸将工件推出至存放料台，若 3 秒钟后料筒检测光电传感器仍未检测到工件，则说明料筒内无物料，这时警示黄灯闪烁，放入物料后熄灭；机械手将工件取走后，推料气缸缩回，工件下落，气缸重复上一次动作。

四、供料单元安装技能训练

1.训练目标

将供料单元拆开成组件和零件的形式，然后再组装成原样，完成机械部分的装配。

2.安装步骤和方法

机械部分安装：首先把供料站各零件组合成整体安装时的组件，然后将组件进行组装。所组合成的组件包括：

①安装支架组件；

②井式工件料仓及料仓底座(包含出料台)组件；

③推料气缸及其支架组件；

④警示灯及其支架；

⑤光电传感器。

各组件装配好后，用螺栓把它们连接为整体，最后固定底板完成供料站的安装。

安装过程中应注意：

(1)装配安装支架组件时，注意调整好各条边的平行及垂直度，锁紧螺栓，按照总装图，保持与 T 形工作台面边距约 4.7 cm；

(2)气缸和安装支架保持垂直；

(3)机械机构固定在底板上的时候，需要将底板移动到操作台的边缘，螺栓从底板的反面拧入，将底板和机械机构部分的支撑型材连接起来；

(4)井式工件料仓及料仓底座安装要保持和水平面垂直；

(5)光电传感器根据元件布置图初步安装，并在系统调试时调整。

注：气路和电气暂不安装。

五、实训报告要求

(1)写出供料单元的组成,简要叙述其工作过程。

(2)总结供料单元的的装调过程。

实训项目三　搬运单元实训

一、实训目的

(1)掌握搬运单元的结构组成、功能及工作过程；

(2)训练搬运单元的安装与调整技能。

二、实训设备

THJDME-1型实训装置的搬运单元。

三、实训内容

1. 搬运单元的主要结构组成

搬运机械手机构结构如图3-1所示。机构主要包含:气动手爪、双导杆气缸、单杆气缸、电感传感器、磁性传感器、多种类型电磁阀、步进电机及驱动器组成。主要完成通过气动机械手手臂前伸,前臂下降,气动手指夹紧物料,前臂上升,手臂缩回,手臂旋转到位,手臂前伸,前臂下降,手爪松开将物料放入料口,机械手返回原位,等待下一个物料到位等动作。

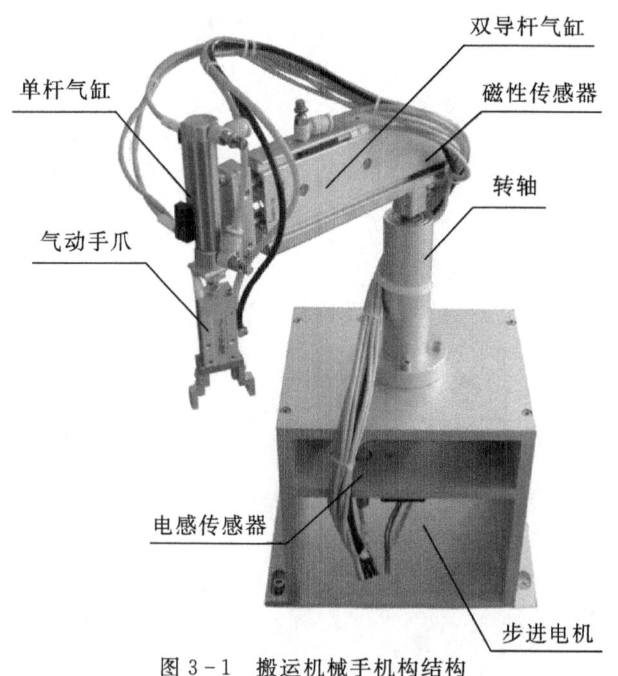

图3-1　搬运机械手机构结构

其主要技术指标如下：

电磁阀：4V120-06、4V130-06；

调速阀：出气节流式；

磁性传感器：D-A73、D-Y59B；

气缸：CDJ2KB16-45-A、CXSM15-100；

气动手指：MHZ2-10D；

电感式传感器：LE4-1K；

步进电机：57BYG350CL-SAKSML050；

步进驱动器：3ND583。

2. 功能

气动机械手手臂前伸，前臂下降，气动手指夹紧物料，前臂上升，手臂缩回，手臂旋转到位，手臂前伸，前臂下降，手爪松开将物料放入分拣线的入料口，机械手返回原位，等待下一个物料到位。在分拣气缸完成分拣后，重复上面的动作，再将物料放入输送线上。

3. 工作过程

机械手开机复位时，返回机械点(通过调整，在物料台正上方，由电感式传感器检测)，原位气动手爪完成工件的抓取动作，由双向电控阀控制，手爪夹紧时磁性传感器有信号输出，磁性开关指示灯亮；双导杆气缸控制机械手臂伸出、缩回，由电控气阀控制；单杆气缸控制气动手爪的提升、下降，由电控气阀控制；电感传感器机械手臂左摆或右摆到位后，电感传感器有信号输出。

磁性传感器：用于气缸的位置检测。当检测到气缸准确到位后将给 PLC 发出一个到位信号；

步进电机及驱动器：用于控制机械手手臂的旋转。通过脉冲个数进行精确定位。

当存放料台检测光电传感器检测物料到位后，机械手手臂前伸，手臂伸出限位传感器检测到位后，延时 0.5 s，手爪气缸下降，手爪下降限位传感器检测到位后，延时 0.5 s，气动手爪抓取物料，手爪夹紧限位传感器检测到夹紧信号后；延时 0.5 s，手爪气缸上升，手爪提升限位传感器检测到位后，手臂气缸缩回，手臂缩回限位传感器检测到位后；手臂向右旋转，手臂旋转一定角度后，手臂前伸，手臂伸出限位传感器检测到位后，手爪气缸下降，手爪下降限位传感器检测到位后，延时 0.5 s，气动手爪放开物料，手爪气缸上升，手爪提升限位传感器检测到位后，手臂气缸缩回，手臂缩回限位传感器检测到位后，手臂向左旋转，等待下一个物料到位，重复上面的动作。在分拣气缸完成分拣后，再将物料放入输送线上。

四、搬运单元安装技能训练

1. 训练目标

将搬运单元拆开成组件和零件的形式，然后再组装成原样，完成机械部分的装配。

2. 安装步骤和方法

机械部分安装：首先把搬运单元各零件组合成整体安装时的组件，然后把组件进行组装。所组合成的组件包括：①安装底座组件(包含传感器、步进电机和转轴)、②手臂气缸组件、③气动手指组件。

各组件装配好后，用螺栓把它们连接为总体，最后固定底板。

安装过程中应注意：

①装配安装支架组件时，注意调整好各条边的平行及垂直度，锁紧螺栓，按照总装图，保持与物料台之间的距离和角度。

②手臂气缸和气动手指气缸轴线保持垂直。

③机械机构固定在底板上的时候，需要将底板移动到操作台的边缘，螺栓从底板的反面拧入，将底板和机械机构部分的支撑型材连接起来。

④转轴安装要保持和水平面垂直。

⑤传感器根据元件布置图初步安装，并在系统调试时调整。

注：气路和电气暂不安装。

五、实训报告要求

(1)写出搬运单元的组成，简要叙述其工作过程。

(2)总结搬运单元的装调过程。

实训项目四　分拣单元实训

一、实训目的

(1)掌握分拣单元的结构组成、功能及工作过程；

(2)训练分拣单元的安装与调整技能。

二、实训设备

THJDME－1型实训装置的分拣单元。

三、实训内容

1.分拣单元的主要结构组成

分拣单元主要结构组成包括：传送和分拣机构、传动带驱动机构、变频器模块、电磁阀组、接线端口、PLC模块、按钮/指示灯模块及底板等。其中，分拣单元组成如图4－1所示。

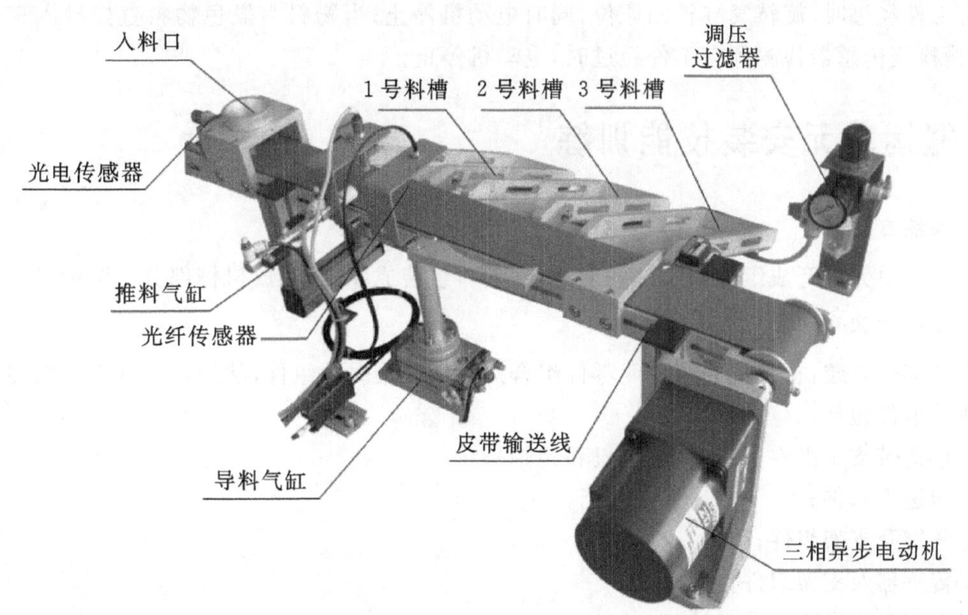

图4－1　分拣单元组成

其主要技术指标如下：

三相异步电动机：41K25 W AC380 V，25 W，输出轴转速 130 r/min。

电磁阀：4V110-06。

西门子 PLC 控制器。

调速阀：出气节流式。

磁性开关：D-C73。

气缸：CDJ2B10-60-B、MSQB10A。

光电传感器：SB03-1K、WS/WE100-N1439。

电感传感器：LE4-1K。

光纤传感器：E3X-NA11、E32-DC200。

电容传感器：CLG5-1K。

调压过滤器：AFR-2000M(配有压力表 0～1 MPa)。

2. 功能

分拣单元是最末单元，完成对上一单元送来的已加工、装配的工件进行分拣。具有使不同颜色的工件从不同的料槽分流的功能。

3. 工作过程

当入料口光电传感器检测到物料时，变频器接收启动信号，三相交流异步电机以 30 Hz 的频率正转运行，皮带开始输送工件，当料槽一到位检测传感器检测到金属物料时，推料一气缸动作，将金属物料推入一号料槽，料槽检测传感器检测到有工件经过时，电动机停止；当料槽二检测传感器检测到白色物料时，旋转气缸动作，将白色物料导入二号料槽，料槽检测传感器检测到有工件经过时，旋转气缸转回原位，同时电动机停止；当物料为黑色物料直接导入三号料槽，料槽检测传感器检测到有工件经过时，电动机停止。

四、搬运单元安装技能训练

1. 训练目标

将分拣单元拆开成组件和零件的形式，然后再组装成原样，完成机械部分的装配。

2. 安装步骤和方法

机械部分安装：首先把分拣单元零件组合成整体安装时的组件，然后把组件进行组装。所组合成的组件包括：

①传送带支架组件(包含步进电机和转轴)；

②传送带组件；

③气缸及支架组件；

④传感器及支架组件；

⑤三相电机及联轴器；

⑥料槽组件。

各组件装配好后，用螺栓把它们连接为整体，最后固定传送带支架。

分拣单元机械装配可按如下 4 个阶段进行：

(1)完成传送机构的组装，装配传送带装置及其支座，然后将其安装到底板上。

(2)完成驱动电机组件装配，进一步装配联轴器，把驱动电机组件与传送机构相连接并固定在底板上。

(3)继续完成推料气缸支架、推料气缸、导料气缸支架、导料气缸、传感器支架、出料槽及支撑板等装配。

(4)最后完成各传感器、电磁阀组件、装置侧接线端口等装配。

(5)安装注意事项：

传送带的安装应注意：

(1)皮带托板与传送带两侧板的固定位置应调整好，以免皮带安装后凹入侧板表面，造成推料被卡住的现象。

(2)主动轴和从动轴的安装位置不错，主动轴和从动轴的安装板的位置不能相互调换。

(3)皮带的张紧度应调整适中，使传送带运行间隙合理，无打滑，无刮擦，低噪音。

(4)要保证主动轴和从动轴的平行。

(5)为了使传动部分平稳可靠，噪音减小，特使用滚动轴承为动力回转件，但滚动轴承及其安装配合零件均为精密结构件，对其拆装需一定的技能和专用的工具，建议不要自行拆卸。

(6)装配传送带支架时，锁紧螺栓，按照总装图，保持与搬运单元之间的距离和角度。

(7)要保持三相电机、联轴器和传送带主动轮同轴度。

注：气路和电气暂不安装。

五、实训报告要求

(1)写出分拣单元的组成，简要叙述其工作过程。

(2)总结分拣单元的装调过程。

实训项目五　THJDME-1 的气动控制系统实训

一、实训目的

(1)分析 THJDME-1 实训装置气动执行的动作和执行机构；

(2)掌握气动执行元件和气动控制元件及辅助元件；

(3)设计 THJDME-1 的气动系统并分析其工作过程；

(4)训练 THJDME-1 的气动系统的安装与调整技能。

二、实训设备

THJDME-1 型实训装置的气动控制系统。

三、实训内容

分拣单元的主要结构组成。

HJDME—1 的气动控制系统分析如下：

(1)在供料单元，为完成物料推出，采用直线单杆气缸作为执行元件。

(2)在搬运单元，机械手的运动，包括机械手手臂前伸与缩回、手爪下降与上升、气动手爪夹紧与张开采用分别采用双导杆气缸、直线气缸、气动手爪。

(3)皮带输送与分拣机构中物料分拣分别采用推料气缸——直线单杆气缸、导料气缸——摆动气缸。

四、气动系统的元件介绍

1. 直线气缸——标准单杆双作用直线气缸

标准气缸是指气缸的功能和规格是普遍使用的、结构容易制造的、制造厂通常作为通用产品供应市场的气缸。双作用气缸是指活塞的往复运动均由压缩空气来推动。图 5-1 是标准双作用直线气缸的半剖面图，其中，气缸的两个端盖上都有进/排气通口，从无杆侧端盖气口进气时，推动活塞向前运动；反之，从杆侧端盖气口进气时，推动活塞向后运动。

双作用气缸具有结构简单，输出力稳定，行程可根据需要选择的优点，但由于是利用压缩空气交替作用于活塞上实现伸缩运动的，回缩时压缩空气的有效作用面积较小，所以产生的力要小于伸出时产生的推力。为了使气缸的动作平稳可靠，应对气缸的运动速度加以控制，常用的方法是使用单向节阀来实现。

单向节流阀是由单向阀和节流阀并联而成的流量控制阀，常用于控制气缸的运动速度，所

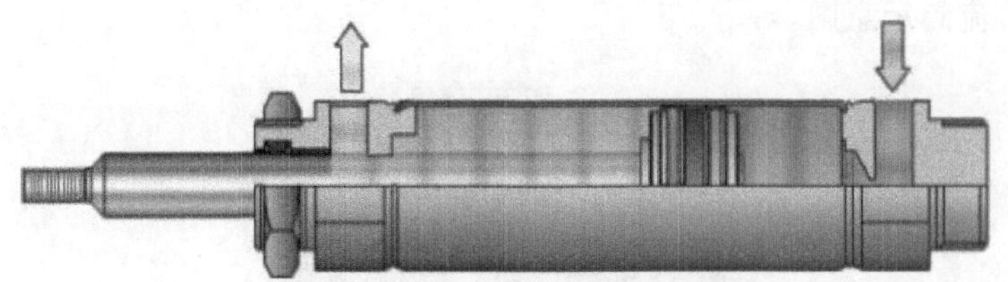

图 5-1　双作用气缸工作示意图

以也称为速度控制阀。图 5-2 给出了在双作用气缸上装两个单向节流阀的连接示意图，这种连接方式称为排气节流方式。即，当压缩空气从 A 端进气、从 B 端排气时，单向节流阀 A 的单向阀开启，向气缸无杆腔快速充气；由于单向节流阀 B 的单向阀关闭，有杆腔的气体只能经节流阀排气，调节节流阀 B 的开度，便可改变气缸伸出时的运动速度。反之，调节节流阀 A 的开度则可改变气缸缩回时的运动速度。这种控制方式，活塞运行稳定，是最常用的方式。

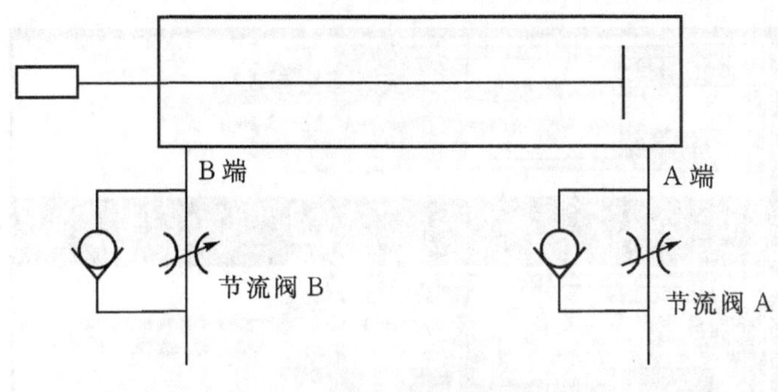

图 5-2　节流阀连接和调整示意图

节流阀上带有气管的快速接头，只要将合适外径的气管往快速接头上一插就可以将管连接好了，使用时十分方便。图 5-3 是安装了带快速接头的限出型气缸节流阀的气缸外观。

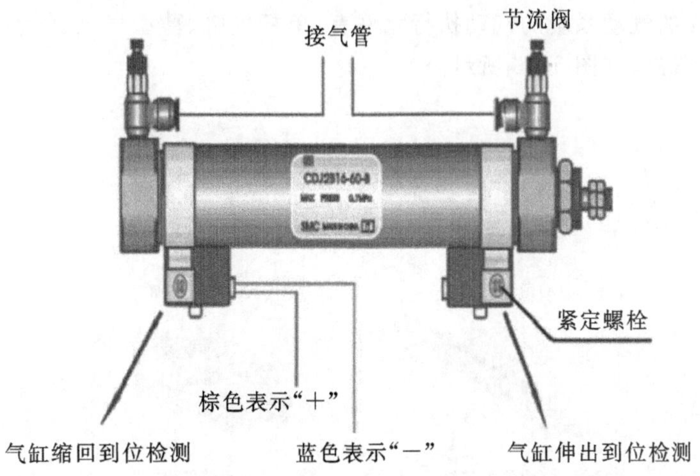

图 5-3　安装上节流阀的气缸

图 5-4 是节流阀示意图。

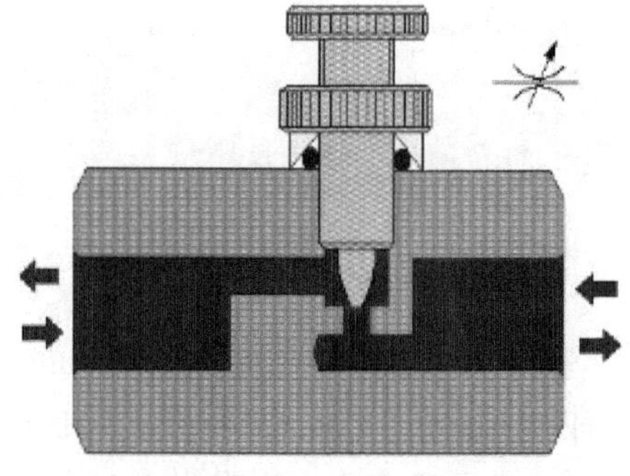

图 5-4　节流阀

除了双作用气缸，还有一种弹簧复位的单作用气缸，如图 5-5 所示。

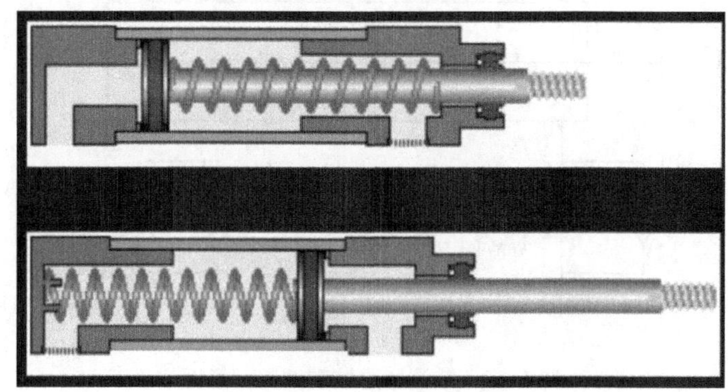

图 5-5　弹簧复位的单作用气缸

2. 其他气动执行元件

THJDME-1 的气动系统的气动执行元件有：单杆气缸、薄型气缸、气动手爪、导杆气缸、双导杆气缸、旋转气缸，如图 5-6 所示。

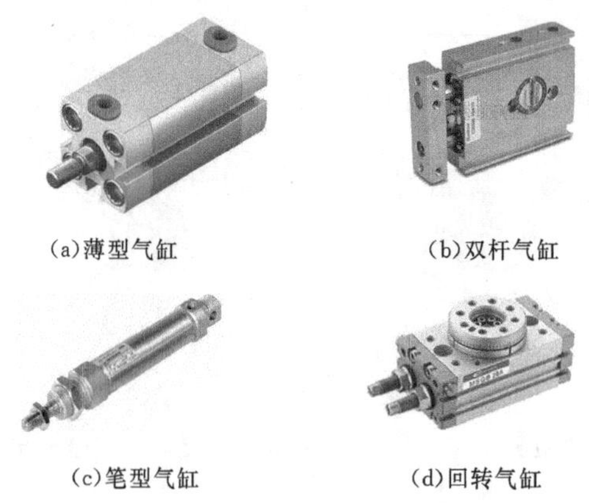

(a)薄型气缸　(b)双杆气缸

(c)笔型气缸　(d)回转气缸

图 5-6　THJDME-1 的气动系统的气动执行元件

3. 气动控制元件

单向电磁阀用来控制气缸单向运动，实现气缸的伸出、缩回运动。与双向电磁阀的区别在于双向电磁阀初始位置是任意的，可以控制两个位置，而单向电磁阀初始位置是固定的，只能控制一个方向。

1）单电控电磁换向阀

气缸活塞的运动是依靠向气缸一端进气，并从另一端排气，再反过来，从另一端进气，一端排气来实现的。气体流动方向的改变则由能改变气体流动方向或通断的控制阀即方向控制阀加以控制。在自动控制中，方向控制阀常采用电磁控制方式实现方向控制，称为电磁换向阀。电磁换向阀是利用其电磁线圈通电时，静铁芯对动铁芯产生电磁吸力使阀芯切换，达到改变气流方向的目的的。

所谓“位”指的是为了改变气体方向，阀芯相对于阀体所具有的不同的工作位置。“通”的含义则指换向阀与系统相连的通口，有几个通口即为几通。图 5－7 中，只有两个工作位置，具有供气口 P、工作口 A 和排气口 R，故为二位三通阀。

图 5－7 分别给出二位三通、二位四通和二位五通单控电磁换向阀的图形符号，图形中有几个方格就是几位，方格中的“⊤”或“⊥”符号表示各接口互不相通。

供料单元执行气缸是双作用气缸，因此需要使用二位五通电磁阀控制。二位五通的单电控电磁阀带有手动换向和加锁钮，有锁定（LOCK）和开启（PUSH）2 个位置。用小螺丝刀把加锁钮旋到在 LOCK 位置时，手控开关向下凹进去，不能进行手控操作。在 PUSH 位置时，可用工具向下按，信号为“1”，等同于该侧的电磁信号为“1”；常态时，手控开关的信号为“0”。在进行设备调试时，可以使用手控开关对阀进行控制，从而实现对相应气路的控制，以改变推料缸等执行机构的控制，达到调试的目的。

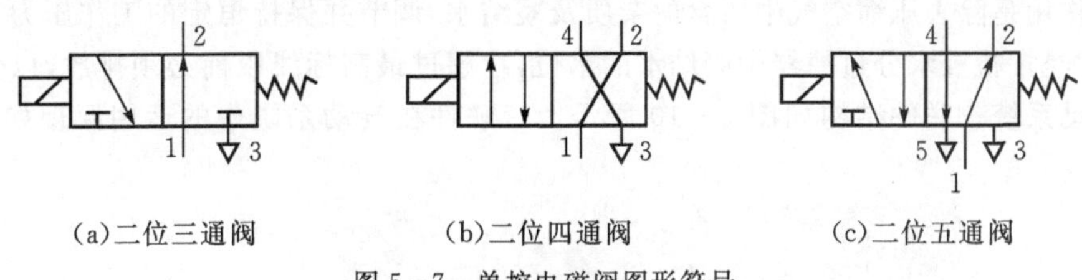

(a)二位三通阀　(b)二位四通阀　(c)二位五通阀

图 5－7　单控电磁阀图形符号

2）双电控电磁阀

双电控电磁阀与单电控电磁阀的区别在于，对于单电控电磁阀，在无电控信号时，阀芯在弹簧力的作用下会被复位，而对于双电控电磁阀，在两端都无电控信号时，阀芯的位置取决于前一个电控信号。双电控电磁阀结构如图 5－8 所示。

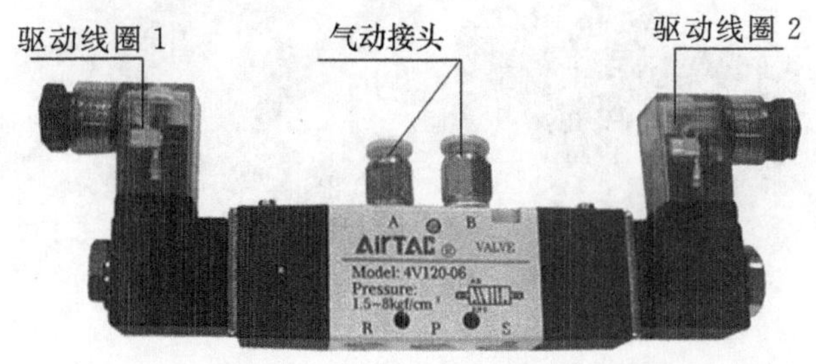

图 5－8　双电控电磁阀结构

4. 气源及气源处理装置

1)动力装置——气泵

气动系统的工作需要靠压力气体提供动力,通常由气泵提供一定压力的气体。气泵的结构如图 5-9 所示。

图 5-9 气泵的结构

2)气源处理装置——三联件

由气泵提供的压力气源,需要除水、减压和加润滑油雾,才能有助于系统长期有效运行。为此,气动系统常采用气动三联件,它包括水分滤气器、减压阀、油雾器,使用时按次顺序依次连接。其作用是除去压缩空气中所含的杂质及凝结水,调节并保持恒定的工作压力。在使用时,应注意经常检查水分过滤器中凝结水的水位,在超过最高标线以前必须排放,以免被重新吸入。气动系统三联件结构如图 5-10 所示。三联件在气动系统中的运用原理如图 5-11 所示。

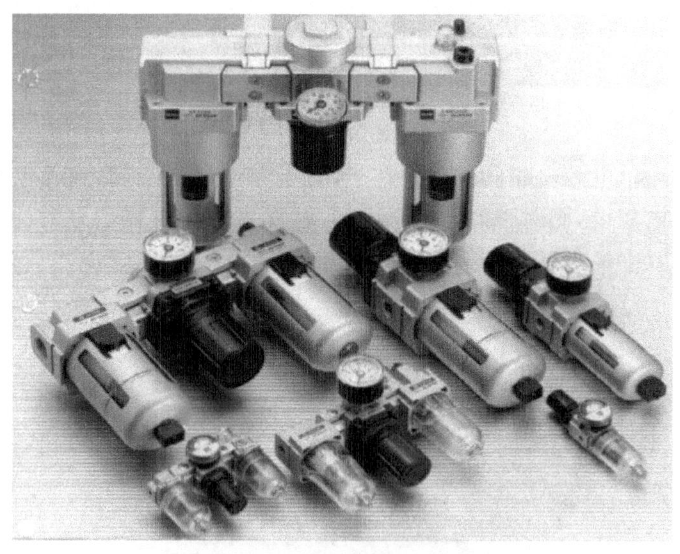

图 5-10 气动系统三联件结构

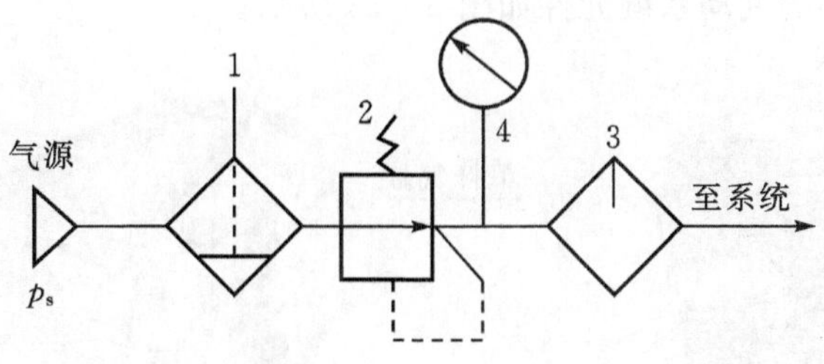

1 -分水滤气器；2 -减压阀；3 -油雾器；4 -压力表

图 5 - 11　气动系统三联件原理

四、气动控制系统

1. 气动系统原理

THJDME - 1 的气动系统设计原理如图 5 - 12 所示。

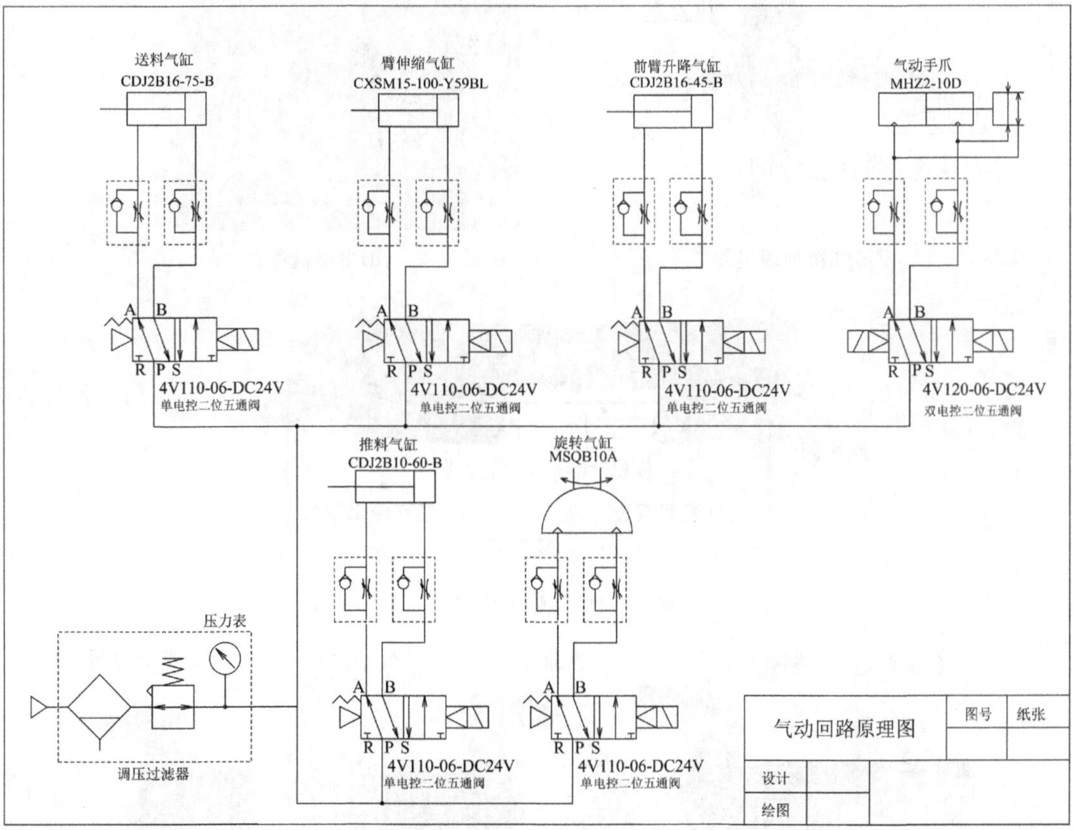

图 5 - 12　气动系统原理

2. 气动系统元件

THJDME - 1 的气动系统元件包括静音气泵、气动执行元件、气源处理组件、电磁阀组件、气管等。THJDME－1 的气动系统元件如图 5－13 所示。

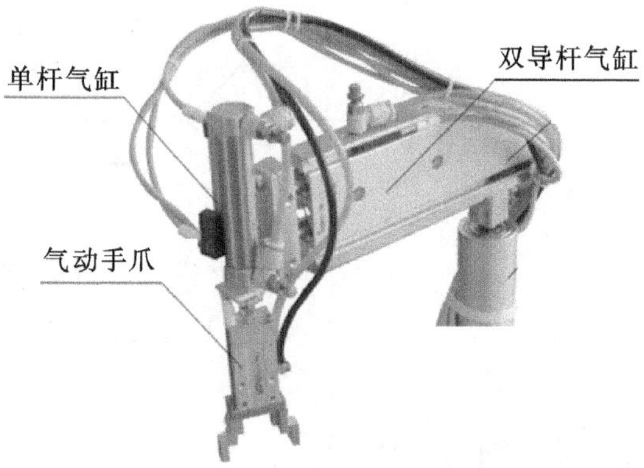

单杆气缸
双导杆气缸
气动手爪

(a)静音气泵　　(b)气动执行机械手

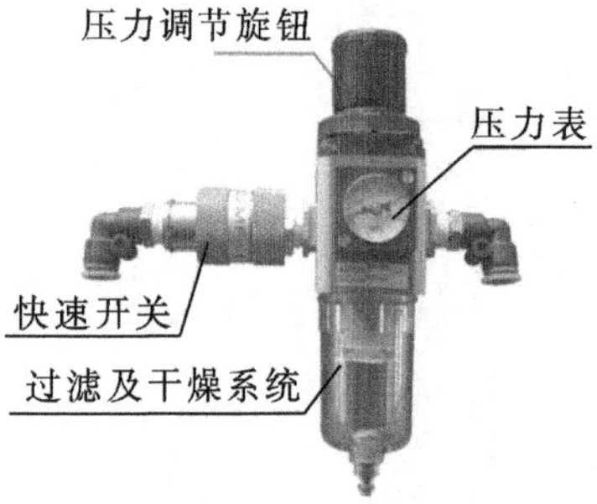

压力调节旋钮
压力表
快速开关
过滤及干燥系统

(c)气源处理组件 　　(d)电磁阀组件

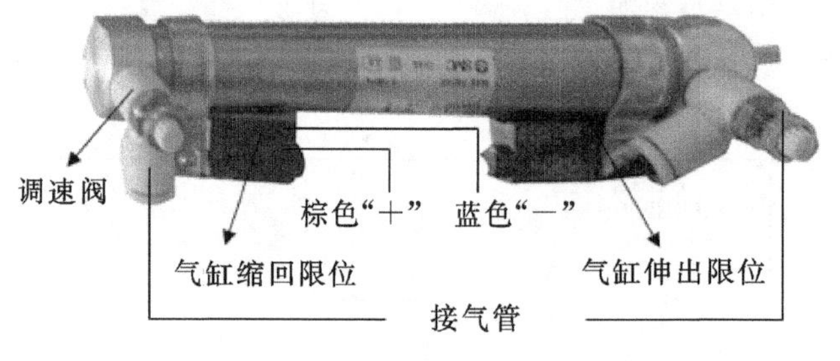

(e)气缸示意图

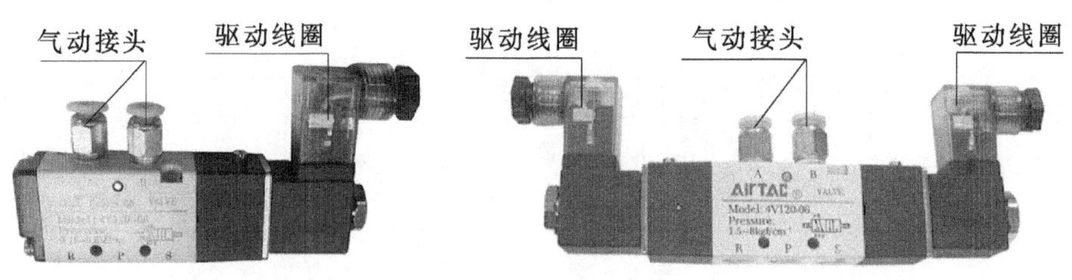

(f)单向电磁阀　　(g)　双向电磁器

图 5－13　气动系统元件

3. 气动系统工作原理

1)供料单元气动工作原理

推料推出单杆气缸 CDJ2B16-75-A 用以完成物料推出，由单向电磁阀 4V110-06 控制，当西门子 PLC 控制 Q0.3 输出置 1 时，单向电磁阀得电，经调速阀使推料推出单杆气缸伸出，将工件推到存放料台上，并由磁性开关检测到，指示灯亮。当被推到物料台的工件被搬运机械手取走后，Q0.3 输出置 0 时，单向电磁阀失电，推料推出单杆气缸缩回，由另一端的磁性开关检测到，指示灯亮。

2)搬运单元气动工作原理

搬运单元气动手爪由手臂伸缩气缸 CXMS15-100-Y59BL、前臂升降气缸 CDJ2KB16-45-A、气动手爪 MHZ2-10D 组成。手臂伸缩气缸由单向电磁阀控制，当西门子 PLC 控制 Q0.4 输出置 1 时，单向电磁阀得电，经调速阀使手臂伸缩气缸伸出。由磁性开关检测到位后，提供信号给 PLC。PLC 控制 Q0.5 输出置 1，单向电磁阀得电，经调速阀使前臂升降气缸下降。由磁性开关检测到位后，提供信号给 PLC。使 PLC 控制 Q0.6 输出置 1，双向电磁阀 4V120-06 得电，经调速阀使气动手爪先张开，再抓紧。由磁性开关检测爪抓到位后，依次使前臂升降气缸上升、手臂伸缩气缸缩回。

气动手爪控制示意图如图 5-14 所示。手爪夹紧由单向电控气阀控制，当电控气阀的线圈得电，手爪夹紧。当电控气阀断电后，手爪张开。

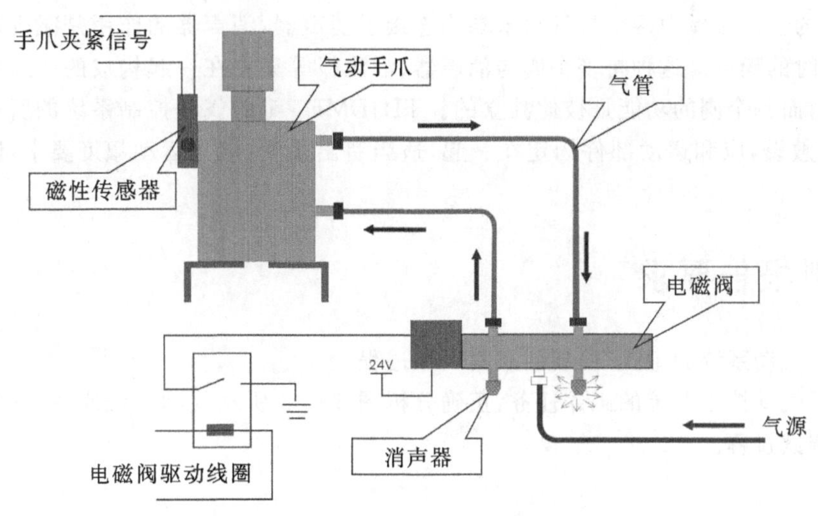

图 5-14　气动手爪控制示意图

3)分拣单元气动工作原理

分拣单元气由推料气缸 CDJ2B10-60-B、导料气缸 MSQB10A 组成。由单向电磁阀 4V110-06 控制，当西门子 PLC 控制 Q1.0 输出置 1 时，单向电磁阀得电，经调速阀使推料气缸伸出，将金属铝件推到第一个料槽内，并由磁性开关检测到，指示灯亮。当西门子 PLC 控制 Q1.1 输出置 1 时，单向电磁阀得电，经调速阀使导料气缸摆动，将白色塑料件推到第二个料槽内，并由磁性开关检测到，指示灯亮。

4. 气源处理组件实物

气源处理组件输入气源来自空气压缩机，所提供的压力为 0.6～1.0 MPa，输出压力为 0～0.8 MPa 可调。输出的压缩空气通过快速三通接头和气管输送到各工作单元。气源处理原理如图 5-15 所示。

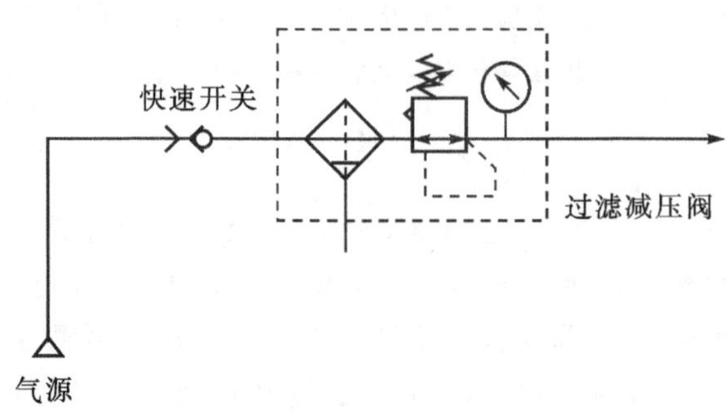

图 5-15　气源处理原理

5. 电磁阀及其组件

THJDME-1 的气动控制系统采用了五个二位五通的带手控开关的单电控电磁阀和一个二位五通的带手控开关的双电控电磁阀。THJDME-1 的气动控制系统的电磁阀是集中安装在汇流板上的。汇流板中两个排气口末端均连接了消声器，消声器的作用是减少压缩空气在向大气排放时的噪声。这种将多个阀与消声器、汇流板等集中在一起构成的一组控制阀的集成称为阀组，而每个阀的功能是彼此独立的。THJDME-1 的气动控制系统的所有气缸连接的气管沿线敷设，应和运动部件固定在一起，适当留出长度，满足运动幅度要求，防止运动时扯拽。

五、实训报告要求

(1)写出气动系统的组成，简要叙述其工作过程。

(2)分析气动控制系统的工作任务，正确分析图 5-12 所示气动系统原理，安装调试气动系统，记录调试过程。

实训项目六　THJDME－1 的传感器实训

一、实训目的

(1)分析 THJDME－1 实训装置的所用到的信号检测传感器；

(2)掌握漫反射光电接近开关、电感式接近开关、光纤型光电传感器、磁性开关和旋转编码器的原理与结构；

(3)训练 THJDME－1 的传感器的安装与调整技能。

二、实训设备

(1)THJDME－1 型实训装置的传感器。

(2)双作用气缸。

三、THJDME－1 的传感器分析

(1)在供料单元，物料检测传感器采用光电漫反射型传感器，检测到有物料时推料气缸将物料推出到存放料台，有物料时为 PLC 提供一个输入信号，共两个。

(2)在搬运单元，机械手臂摆动采用电感传感器检测，机械手臂左摆或右摆到位后，传感器检测，电感传感器有信号输出。

(3)皮带输送与分拣机构中，电感式传感器检测金属材料，检测距离为 2～5 mm。光纤传感器用于检测非金属的白色物料，检测距离为 3～8 mm，检测距离可通过传感器放大器的电位器调节。光电传感器检测到有物料放入时，给 PLC 一个输入信号。

(4)在所有气缸中都采用磁性传感器，用于气缸的位置检测。当检测到气缸准确到位后将给 PLC 发出一个到位信号。

四、漫射式光电接近开关传感器

1. 光电式接近开关及其安装调试

光电传感器是利用光的各种性质，检测物体的有无和表面状态的变化等的传感器。其中输出形式为开关量的传感器为光电式接近开关。

光电接近开关通常在环境条件较好、无粉尘污染的场合下使用。光电开关工作时对被测对象几乎无任何影响，因此在生产线上广泛使用。

光电式接近开关主要由光发射器和光接收器构成。如果光发射器发射的光线因检测物体不同而被遮掩或反射，到达光接收器的量将会发生变化。光接收器的敏感元件将检测出这种

变化，并转换为电气信号进行输出。光电式接近开关大多使用可视光（主要为红色，也用绿色、蓝色来判断颜色）和红外光。在工作时，光发射器始终发射检测光，若接近开关前方一定距离内没有物体，则没有光被反射器接收，光电开关处于常态而不动作；反之若接近开关的前方一定距离内出现物体，只要反射回来的光强度足够，接收器接收到足够的漫射光，就会使接近开关动作而改变输出的状态。按照接收器接收光的方式的不同，光电式接近开关可分为对射式、反射式和漫反射式3种。光电接近开关的工作原理，如图6-1所示。

漫射式光电开关是利用光照射到被测物体上后反射回来的光线而工作的，由于物体反射的光线为漫射光，故称为漫射式光电接近开关。它的光发射器与光接收器处于同一侧位置，且为一体化结构。在工作时，光发射器始终发射检测光，若接近开关前方一定距离内没有物体，则没有光被反射到接收器，接近开关处于常态而不动作；反之，若接近开关的前方一定距离内出现物体，只要反射回来的光强度足够，接收器接收到足够的漫射光，就会使接近开关动作而改变输出的状态。漫射式光电开关的工作原理如图6-1(c)所示。

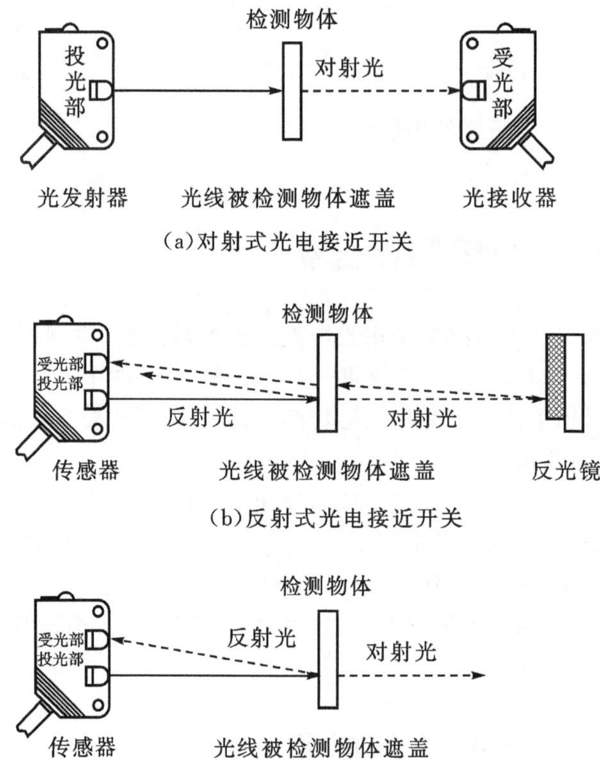

图6-1 光电式接近开关

供料单元中，用来检测工件不足或工件有无的漫射式光电接近开关选用E3Z-LS63、SB03-1K型放大器内置型光电开关（细小光束型，PNP型晶体管集电极开路输出），该光电开关和顶端面上的调节旋钮和显示灯如图6-2所示。

图中动作选择开关的功能是选择受光动作(Light)或遮光动作(Drag)模式。即，当此开关按顺时针方向充分旋转时(L侧)，则进入检测-ON模式；当此开关按逆时针方向充分旋转时(D

图 6-2　光电开关的外形、调节旋钮和显示灯

侧)，则进入检测－OFF 模式。

距离设定旋钮是回转调节器，调整距离时注意逐步轻微旋转，否则若充分旋转距离调节器会导致空转。调整的方法是，首先按逆时针方向将距离调节器充分旋到最小检测距离(约 20 mm)，然后根据要求距离放置检测物体，按顺时针方向逐步旋转距离调节器，找到传感器进入检测条件的点；拉开检测物体距离，按顺时针方向进一步旋转距离调节器，找到传感器再次进入检测状态，一旦进入，向后旋转距离调节器直到传感器回到非检测状态的点。两点之间的中点为稳定检测物体的最佳位置。图 6-3 为光电开关的内部电路原理框图。光电接近开关的结构和图形符号如图 6-4 所示。

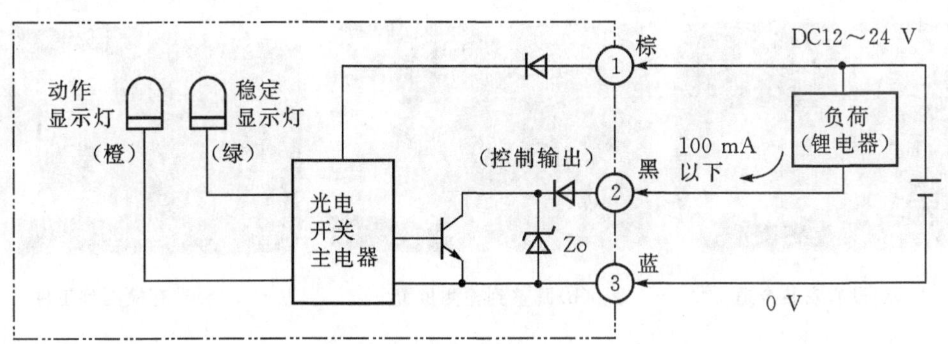

图 6-3　光电开关的内部电路原理框图

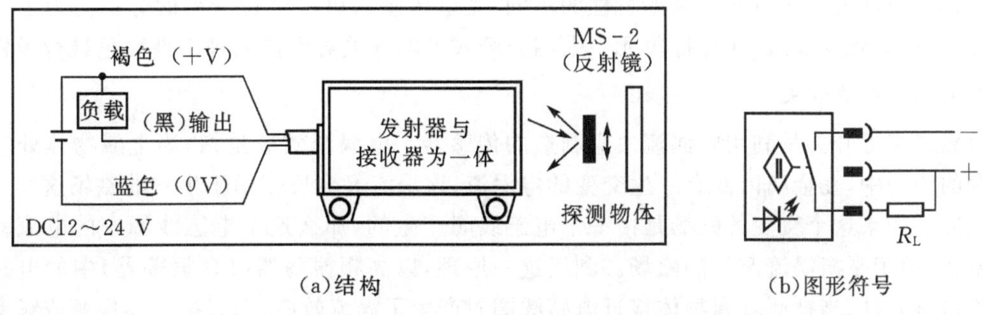

(a)结构　　(b)图形符号

图 6-4　光电接近开关

1)光电开关的电气与机械安装

根据机械安装图将光电开关初步安装固定，然后连接电气接线。

图 6－3 所示是 THJDME－1 中使用的漫反射式光电接近开关的电路原理图，图中光电开关具有电源极性及输出反接保护功能。光电开关具有自我诊断功能，当对设置后的环境变化的余度满足要求，稳定显示灯显示。当光敏元件接收到有效光信号，控制输出的三极管导通，同时动作显示灯显示。光电开关能检测自身的光轴偏离、镜面的污染、地面和背景对其影响、外部干扰的状态等传感器的异常和故障，有利于进行养护，以便设备稳定工作。

在传感器布线过程中要注意避免电磁干扰，不要被阳光或其他光源直接照射，不要在产生腐蚀性气体、接触到有机溶剂、灰尘较大的场合使用。将光电开关褐色线接到 PLC 的输入模块电源正极端，蓝色线接 PLC 的输入模块电源负极端，黑色线接 PLC 的输入端。

2)安装调整与测试

光电开关具有检测距离长，对检测物体的限制小，响应速度快，分辨率高，便于调整等优点。但在光电开关的安装过程中，必须保证传感器到检测物的的距离必须在“检出距离”范围内。同时考虑被检测物体的形状、大小、表面粗糙度及移动速度等因素。调试过程如图 6－5 所示。图 6－5(a)中，光电开光调整位置不到位，对工件反应不灵敏，工作灯不亮；图 6－5(b)中，光电开关位置调整合适，对工件反应敏感，动作灯亮且稳定灯亮；图 6－5(c)中，没有工件靠近光电开关，光电开关没有输出。

(a)没有安装合适

(b)调整到检测位置

(c)没有检测到工件

图 6－5　光电开关的调试

调整光电开光的位置，合适后将固定螺母锁紧。光电开光的光源采用了绿光或蓝光，可以判别颜色。根据表面颜色的反射率特性的不同，光电传感器可以进行产品的分拣。为了保证光的传输效率，减少衰减，在分拣单元中采用光纤式光电开关对黑白两种工件颜色进行识别。

2. 电感式接近开关

电感式接近开关是利用电涡流效应制造的传感器。电涡流效应是指，当金属物体处于一个交变的磁场中，在金属内部会产生交变的电涡流，该涡流又会反作用于生它的磁场这样一种物理效应。如果这个交变的磁场是由一个电感线圈产生的，那么这个电感线圈中的电流就会发生变化，用于平衡涡流产生的磁场。利用这一原理，以高频振荡器(*LC* 振荡器)中的电感线圈作为检测元件，当被测金属物体接近电感线圈时产生了涡流效应，引起振荡器振幅或频率的变化，由传感器的信号调理电路(包括检波、放大、整形、输出等电路)将该变化转换成开关量输出，从而达到检测目的。电感式接近传感器工作原理框图如图 6－6 所示。

电涡流式接近开关是传感器的一种，是利用电涡流效应制成的有开关量输出的位置传感

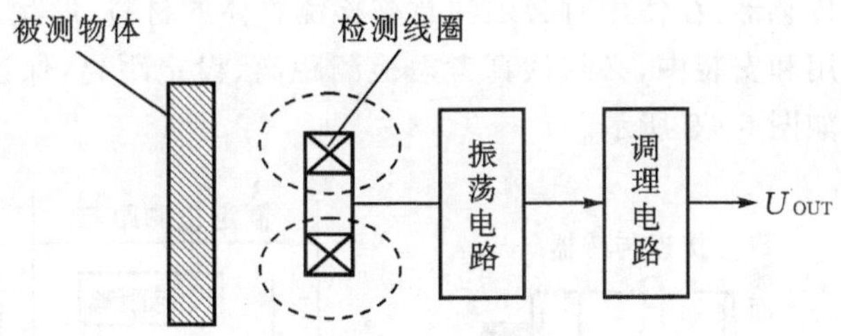

图 6-6 电感式传感器工作原理框图

器，它由 LC 高频振荡器和放大处理电路组成。金属物体接近电涡流传感器(内部产生交变电磁场)时，内部产生电涡流。这个涡流反作用于接近开关，使接近开关振荡能力衰减，内部电路的参数发生变化，由此识别出有无金属物体接近，进而控制开光的通或断。这种接近开关所能检测的物体必须是金属物体，其工作原理如图 6-7 所示。

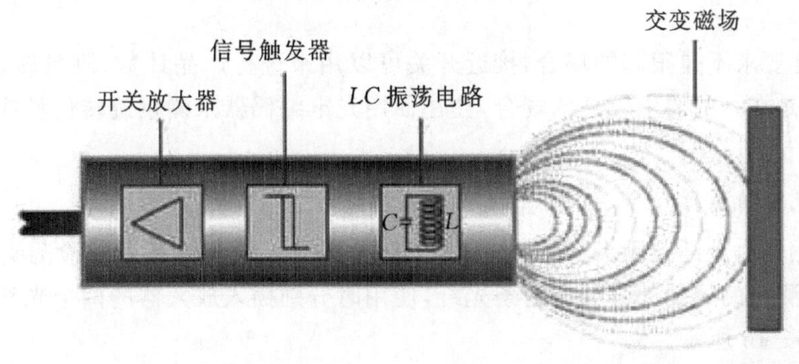

图 6-7 电涡流式接近开关检测金属物体的工作原理

3. 电容式或电涡流式接近开关

根据生产线上被测物体的不同和安装环境不同，也可选用电容式接近开关。电容式接近开关亦属于一种具有开光量输出的位置传感器，其测量头通常是构成电容器的一个极板，而另一个极板是被测物体的本身。当物体移向接近开关时，物体和接近开关的极距或者介电常数发生变化，引起静电容量发生变化，使得和测量头相连的电路状态也随之发生变化，由此便可控制开关的接通和关断。这种接近开关的检测物体并不限于金属导体，也可以是绝缘的液体或粉状物体。其工作原理如图 6-8 所示。

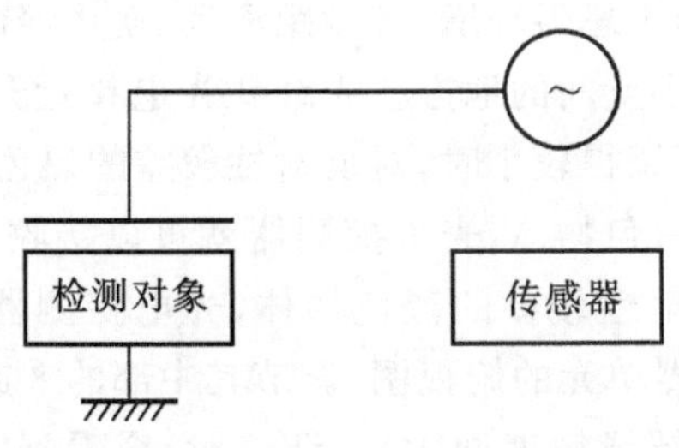

图 6-8 电容式接近开关工作原理

无论哪一种接近传感器，在使用时必须注意被检测物体的材料、形状、尺寸、运动速度等因素。在接近开关的选用和安装中，必须认真考虑检测距离、设定距离，保证生产线上的传感器可靠动作。安装距离如图 6-9 所示。

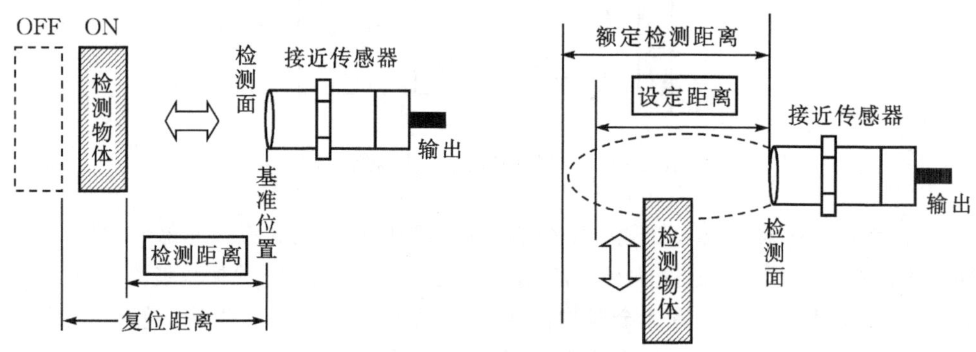

图 6-9　接近开关的安装距离示意图

在一些精度要求不是很高的场合，接近开关可以用来进行产品计数、测量转速、测量旋转位移的角度；但是在一些要求较高的场合，往往使用光电编码器来测量旋转位移或者间接测量直线位移。

4. 光纤型光电传感器

光纤型传感器由光纤检测头、光纤放大器两部分组成。放大器和光纤检测头是分离的两个部分，光纤检测头的尾端部分分成两条光纤，使用时分别插入放大器的两个光纤孔。光纤传感器组件如图 6-10 所示。

图 6-10　光纤传感器组件

图 6-11 是放大器的安装示意图。光纤传感器也是光电传感器的一种。光纤传感器具有下述优点：抗电磁干扰、可工作于恶劣环境、传输距离远、使用寿命长，此外，由于光纤头具有较小的体积，因此可以安装在很小空间的地方。光纤式光电接近开关的放大器的灵敏度调节范围较大。当光纤传感器灵敏度调得较小时，对反射性较差的黑色物体，光电探测器无法接收到反射信号；而对反射性较好的白色物体，光电探测器就可以接收到反射信号。反之，若调高光纤传感器灵敏度，则即使对反射性较差的黑色物体，光电探测器也可以接收到反射信号。图 6-12给出了光纤传感器放大器单元的俯视图，调节其中部的 8 旋转灵敏度高速旋钮就能进行放大器灵敏度调节(顺时针旋转灵敏度增大)。调节时，会看到“入光量显示灯”发光的变化。

当探测器检测到物料时，“动作显示灯”亮，提示检测到物料。

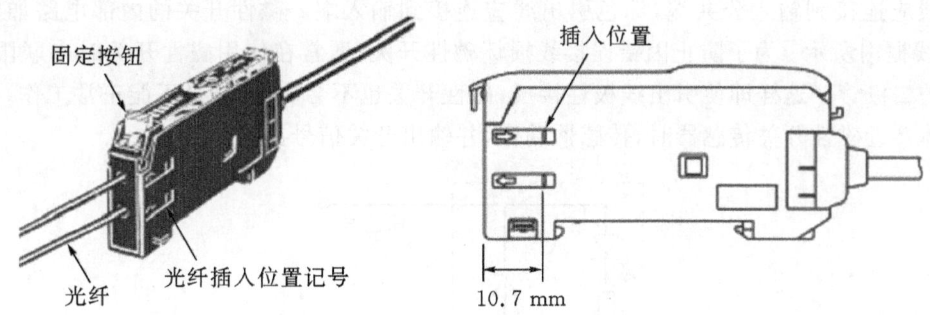

图 6-11　光纤传感器组件及放大器安装示意

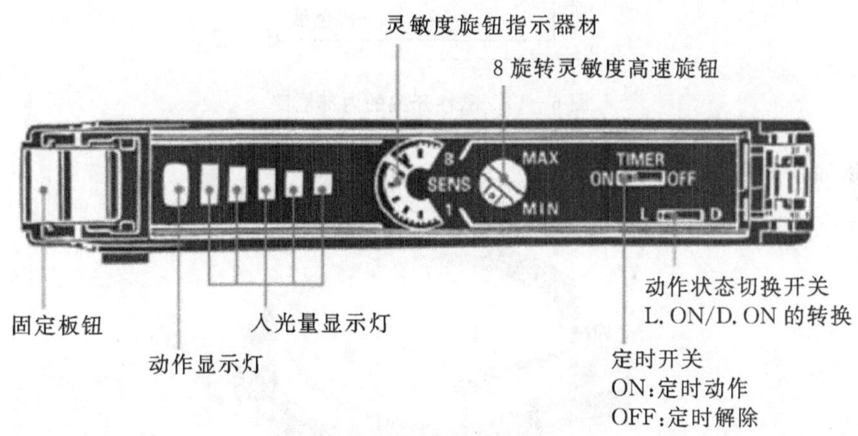

图 6-12　光纤传感器放大器单元的俯视图

光纤传感器电路如图 6-13 所示，接线时应注意根据导线颜色判断电源极性和信号输出线，切勿把信号输出线直接连接到电源＋24 V 端。

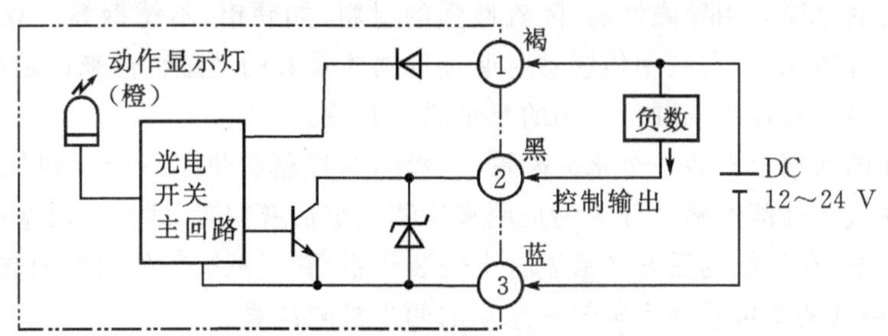

图 6-13　光纤传感器电路框图

5. 磁性开关传感器

磁性开关是一种非接触式位置检测开关，磁性开关用于检测磁石的存在。这种非接触式位置检测开关不会磨损和损伤检测对象，响应速度高。

有触点式的磁性开关用舌簧开关作磁场检测元件。舌簧开关成型于合成树脂块内，一般还有动作指示灯、过电压保护电路也塑封在内。磁性开关有蓝色和棕色2根引出线，使用时蓝色引出线应连接到输入公共端，棕色引出线应连接到输入端。磁性开关的内部电路如图6-14中虚线框内所示。为了防止因错误接线损坏磁性开关，通常在使用磁性开关时串联限流电阻和保护二极管。这样即使引出线极性接反，磁性开关也不会烧毁，只是不能正常工作。当有磁性物体接近磁性开关传感器时，传感器动作，并输出开关信号。

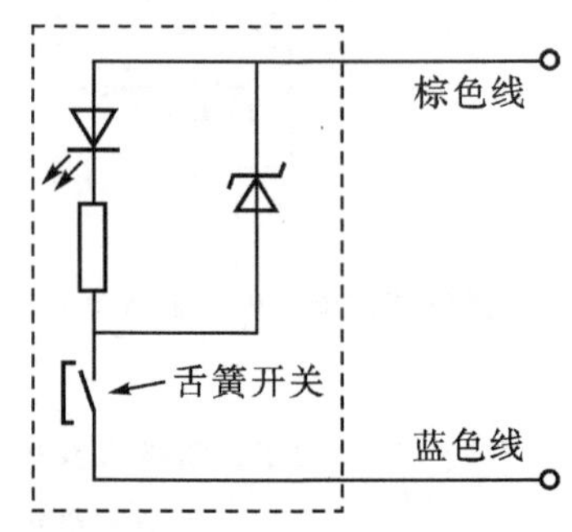

图6-14 磁性开关的内部电路

其实物如图6-15所示。

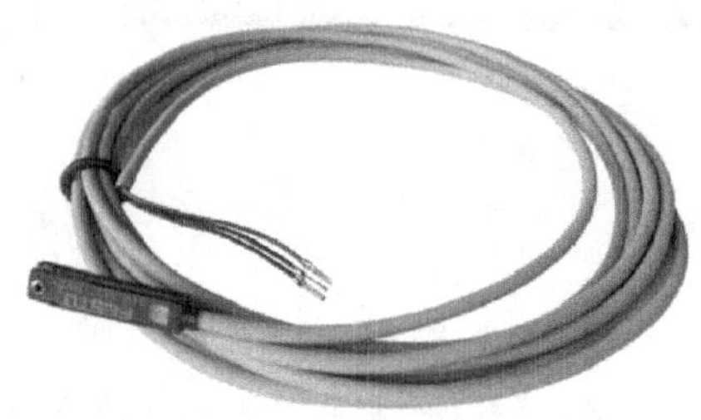

图6-15 磁性开关实物

双作用气缸的缸筒采用导磁性弱、隔磁性强的材料，如硬铝、不锈钢等。双作用气缸所使用的传感器是接近传感器，它利用传感器对所接近物体具有的敏感特性来识别物体的接近，并输出相应开关信号。双作用气缸所使用的是带磁性开关。

在非磁性体的活塞上安装一个永久磁铁的磁环，这样就提供了一个反映气缸活塞位置的磁场。而安装在气缸外侧的磁性开关则是用来检测气缸活塞位置，即检测活塞的运动行程的。

在实际应用中，在气缸的活塞或活塞杆上安装磁石，在气缸缸筒外面的两端各安装一个接近开关，就可以用这两个传感器识别气缸运动的两个极限位置。

图6-16是带磁性开关气缸的工作原理图。当气缸中随活塞移动的磁环靠近开关时，舌簧开关的两根簧片被磁化而相互吸引，触点闭合；当磁环移开后，簧片失磁，触点断开。触点闭合或断开时发出电控信号，在PLC的自动控制中，可以利用该信号判断推料及顶料缸的运动状态或所处的位置，以确定工件是否被推出或气缸是否返回。

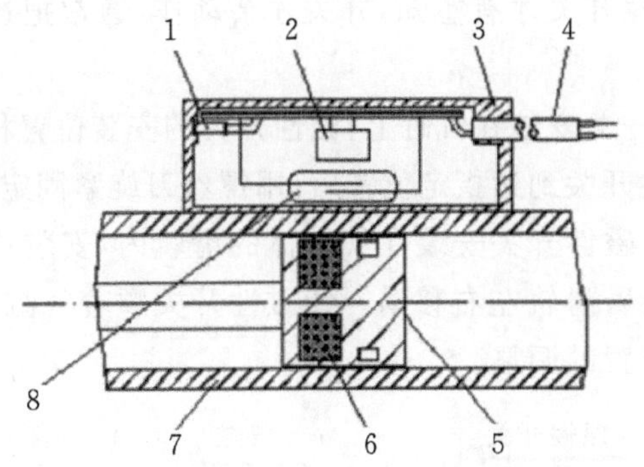

图 6-16　带磁性开关气缸的工作原理图

在磁性开关上设置的 LED 显示用于显示其信号状态，供调试时使用。磁性开关动作时，输出信号“1”，LED 亮；磁性开关不动作时，输出信号“0”，LED 不亮。磁性开关在气缸检测中的示意图如图 6-17 所示。

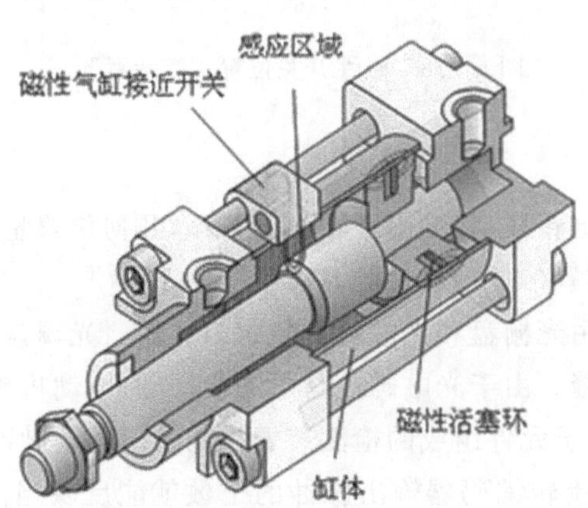

图 6-17　磁性开关在气缸检测中的示意图

6. 磁性开关的安装与调试

在生产线的自动控制中，磁性开关通常用于检测气缸活塞的位置，可以利用该信号判断气缸的运动状态和所处的位置，以确定工件是否被推出货气缸是否返回。

1)电气接线与检查

重点要考虑传感器的尺寸、位置、安装方式、布线工艺、电缆长度及周围工作环境等因素对传感器工作的影响。将磁性开关与 PLC 的输入端口连接。将棕色线与电源正极相连。

磁性开关上设置有 LED 用于显示传感器的状态信号，供调试和运行监测时观察。当气缸活塞靠近，接近开关输出动作，输出“1”信号，LED 亮；当没有气缸活塞靠近，接近开关输出不动作，输出“0”信号，LED 不亮。

2)磁性开关在气缸上的安装与调试

磁性开关与气缸配合使用时，如果安装不合理。可能使得气缸动作不正确。当气缸活塞移向磁性开关，并接近到一定距离时，磁性开关才有感知，开关才会动作，通常把这个距离叫"检出距离"。

在气缸上安装磁性开关时，先把磁性开关安装在气缸上，磁性开关的安装位置根据控制对象的要求调整，调整方法简单，只要让磁性开关到达指定位置后，用螺丝刀旋紧固定螺钉即可。图 6－18 是调整磁性开关位置的示意图。磁性开关安装在气缸体的滑轨内，安装位置可以调整，松开它的紧定螺栓，磁性开关就可以沿着滑轨左右移动。让磁性开关顺着气缸滑动，确定开关位置后，再旋紧紧定螺栓，即可完成位置的调整。

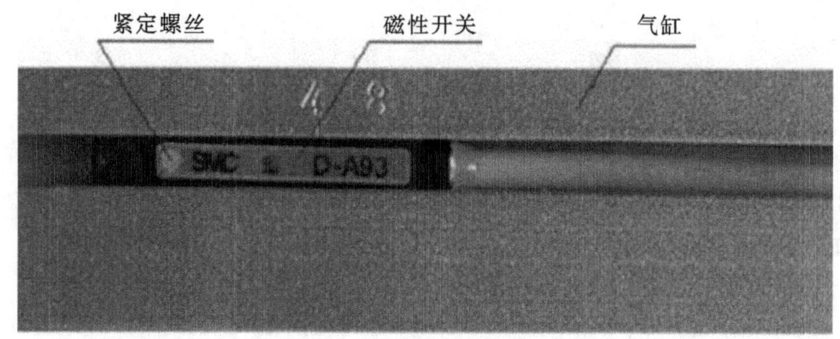

图 6－18　磁性开关位置调整示意图

7. *旋转编码器*

旋转编码器是通过光电转换，将输出至轴上的机械、几何位移量转换成脉冲或数字信号的传感器，主要用于速度或位置（角度）的检测。

典型的旋转编码器是由光栅盘和光电检测装置组成的。光栅盘是在一定直径的圆板上等分地开通若干个长方形狭缝。由于光电码盘与电动机同轴，电动机旋转时，光栅盘与电动机同速旋转，经发光二极管等电子元件组成的检测装置检测输出若干脉冲信号，其原理示意图如图 6－19 所示；通过计算每秒旋转编码器输出脉冲的个数就能反映当前电动机的转速。一般来说，根据产生脉冲的方式不同，可以将旋转编码器分为增量式、绝对式以及复合式三大类。

增量式编码器是直接利用光电转换原理输出三组方波脉冲 A、B 和 Z 相；A、B 两组脉冲相位差 90°，用于辨向：当 A 相脉冲超前 B 相时为正转方向，而当 B 相脉冲超前 A 相时则为反转方向。Z 相为每转一个脉冲，用于基准点定位。

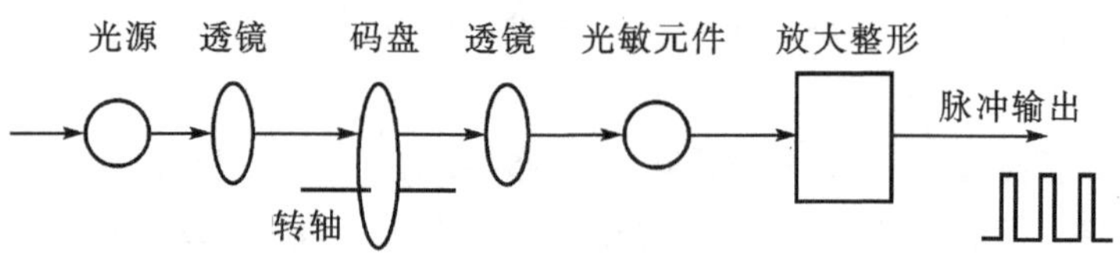

图 6－19　旋转编码器原理示意图

图 6－20 所示是具有 A、B 两相 90°相位差的通用型旋转编码器，用于计算工件在传送带上的位置。编码器直接连接到传送带主动轴上。该旋转编码器的三相脉冲采用 NPN 型集电

极开路输出，分辨率500线，工作电源本工作单元没有使用Z相脉冲，A、B两相输出端直接连接到(AC/DC/RLY主单元)的高速计数器输入端。

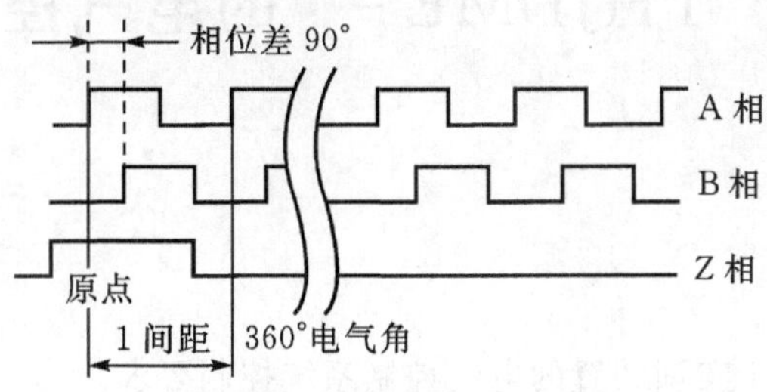

图6-20 两相90°相位差的通用型旋转编码器信号

五、实训报告要求

(1)写出THJDME-1所运用的各种传感器及其作用，简要叙述其工作原理。

(2)根据技术要求能对各种传感器进行安装、调试和故障分析。

实训项目七　THJDME－1 的电气控制系统实训

一、实训目的

(1)分析 THJDME－1 实训装置的电气控制系统控制要求。
(2)掌握电气控制系统控制原理。
(3)掌握电气控制系统 PLC 控制的 I/O 分配。
(4)掌握电气控制系统控制电器和端子排的接线。
(5)训练 PLC 控制系统与 I/O 的安装与调整技能。

二、实训设备

(1)S7－200 CPU226 型西门子 PLC。
(2)THJDME－1 的电器元件。
(3)导线若干。

三、THJDME－1 的电气控制系统控制要求分析

1. 系统输入元件

输入要求：

具有完成系统复位、启动、停止的按钮；

具有检测供料单元是否有工件、放料台是否有工件、传送带入料口是否有工件、是否有工件滑入料槽的四个光电传感器；

具有检测供料单元的物料气缸，搬运单元的机械手手臂气缸、手爪升降气缸、手爪气缸，皮带输送与分拣机构的物料推出气缸、导料气缸的磁性开关；

具有检测搬运单元的机械手基准和皮带输送与分拣机构的电感传感器；

具有检测黑白物料的光电开关。

2. 系统输出元件

输出要求：

具有完成系统运行、停止、物料供应指示灯三个(绿、红、黄指示灯)；

具有控制供料单元的物料气缸，搬运单元的机械手手臂气缸、手爪升降气缸、手爪气缸，皮带输送与分拣机构的物料推出气缸、导料气缸的电磁阀；

具有控制搬运单元的机械手步进电机和驱动器；

具有控制输送皮带的三相电机和变频器。

3. 电源

380 V AC；24 V DC。

四、电气系统控制实训

1. 西门子 PLC 电气控制原理

西门子 PLC 电气控制原理如图 7－1 所示，结合西门子 I/O 地址分配看懂电气控制原理，便于电器接线图。

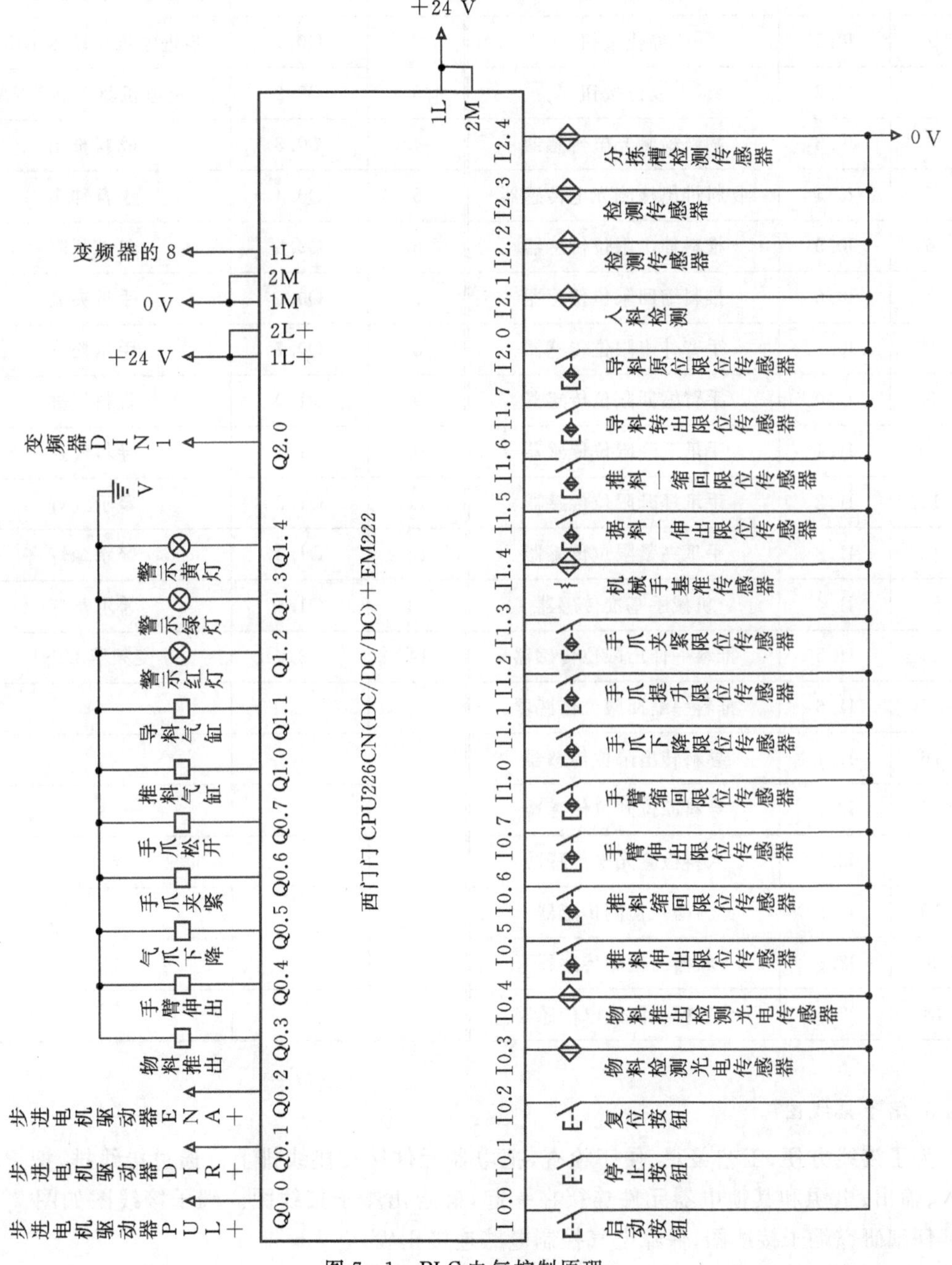

图 7－1　PLC 电气控制原理

2. 西门子 I/O 地址分配及功能说明

西门子 I/O 地址分配及功能说明如表 7－1 所示。

表 7－1　西门子 I/O 地址分配表

序号	PLC 地址	名称及功能说明	序号	PLC 地址	名称及功能说明
1	I0.0	启动按钮	1	Q0.0	步进电机驱动器 PUL＋
2	I0.1	停止按钮	2	Q0.1	步进电机驱动器 DIR＋
3	I0.2	复位按钮	3	Q0.2	步进电机驱动器 ENA＋
4	I0.3	物料检测光电传感器	4	Q0.3	物料推出
5	I0.4	物料推出检测光电传感器	5	Q0.4	手臂伸出
6	I0.5	推料伸出限位传感器	6	Q0.5	气爪下降
7	I0.6	推料缩回限位传感器	7	Q0.6	手爪夹紧
8	I0.7	手臂伸出限位传感器	8	Q0.7	手爪松开
9	I1.0	手臂缩回限位传感器	9	Q1.0	推料气缸
10	I1.1	手爪下降限位传感器	10	Q1.1	导料气缸
11	I1.2	手爪提升限位传感器	11	Q1.2	警示红灯
12	I1.3	手爪夹紧限位传感器	12	Q1.3	警示绿灯
13	I1.4	机械手基准传感器	13	Q1.4	警示黄灯
14	I1.5	推料一伸出限位传感器	14	Q2.0	变频器 DIN1
15	I1.6	推料一缩回限位传感器			
16	I1.7	导料转出限位传感器			
17	I2.0	导料原位限位传感器			
18	I2.1	入料检测光电传感器			
19	I2.2	料槽一检测传感器			
20	I2.3	料槽二检测传感器			
21	I2.4	分拣槽检测光电传感器			

3. 端子接线图

为了接线方便、工艺美观、便于检查，把电器元件接在接线排上。通过接线排，把 PLC 的输入、输出、电源和其他电器元件连接在一起，确定出端子接线图。端子接线图如图 7－2 所示。仔细研究端子接线图，保障电气控制电路连接正确。

端子	名称
1	物料检测光电传感器正
2	物料检测光电传感器负
3	物料检测光电传感器输出
4	物料检测光电传感器正
5	物料检测光电传感器负
6	物料检测光电传感器输出
7	推料伸出限位传感器正
8	推料伸出限位传感器负
9	推料伸出限位传感器正
10	推料伸出限位传感器负
11	手臂伸出限位传感器正
12	手臂伸出限位传感器负
13	手臂缩回限位传感器正
14	手臂缩回限位传感器负
15	手爪下降限位传感器正
16	手爪下降限位传感器负
17	手爪提升限位传感器正
18	手爪提升限位传感器负
19	手爪夹紧限位传感器正
20	手爪夹紧限位传感器负
21	机械手基准传感器正
22	机械手基准传感器负
23	机械手基准传感器输出
24	推料一伸出限位传感器正
25	推料一伸出限位传感器负
26	推料一缩回限位传感器正
27	推料一缩回限位传感器负
28	导料转出限位传感器正
29	导料转出限位传感器负
30	导料原位限位传感器正
31	导料原位限位传感器负
32	入料检测光电传感器正
33	入料检测光电传感器负
34	入料检测光电传感器输出
35	料槽一检测传感器正
36	料槽一检测传感器负
37	料槽一检测传感器输出
38	料槽二检测传感器正
39	料槽二检测传感器负
40	料槽二检测传感器输出
41	分拣槽接收传感器正
42	分拣槽接收传感器负
43	分拣槽接收传感器输出
44	分拣槽发射传感器正
45	分拣槽发射传感器负
46	
47	

端子	名称
48	手臂旋转常闭限位点1
49	手臂旋转常闭限位点2
50	步进电机驱动器VCD
51	步进电机驱动器GND
52	步进电机驱动器PUL+
53	步进电机驱动器PUL−
54	步进电机驱动器DIR+
55	步进电机驱动器DIR−
56	步进电机驱动器ENA+
57	步进电机驱动器ENA−
58	物料推出电磁阀1
59	物料推出电磁阀2
60	手臂伸出电磁阀1
61	手臂伸出电磁阀2
62	手爪下降电磁阀1
63	手爪下降电磁阀2
64	手爪夹紧电磁阀1
65	手爪夹紧电磁阀2
66	手爪松开电磁阀1
67	手爪松开电磁阀2
68	推料气缸电磁阀1
69	推料气缸电磁阀2
70	导料气缸电磁阀1
71	导料气缸电磁阀2
72	警示红灯
73	警示绿灯
74	警示黄灯
75	警示灯公共端
76	
77	
78	触摸屏电源24V
79	触摸屏电源GND
80	
81	
82	
83	
84	
85	
86	电机输出 U
87	电机输出 V
88	电机输出 W

备注：①光电传感器引出线：棕色表示“＋”接“＋24V”，蓝色表示“－”接“0V”，黑色表示“输出”接“PLC 输入端”。

②磁性传感器引出线：蓝色表示“－”接“0V”，棕色表示“＋”接“PLC 输入端”。

③电磁阀引出线：“1”接“＋”，“2”接“－”。

图 7－2　端子接线图

五、实训报告要求

(1)结合 I/O 地址分配信息,绘制 PLC 电气控制原理图。

(2)结合 I/O 地址分配信息和 PLC 电气原理图,能够正确安装调试电气控制系统。

实训项目八　警示灯显示控制

一、实训目的

(1)掌握灯负载的编程控制方法。

(2)掌握漫反射式光电传感器的接线和调试方法。

(3)完成 THJDME-1 的警示灯报警系统程序设计、系统安装与调试。

二、实训设备

(1)THJDME-1 实训平台。

(2)警示灯、光电传感器、被测物料。

(3)编程计算机。

三、实训内容

THJDME-1 实训平台要求在运行过程中能够显示设备运行状态:运行、停止、缺物料,便于工人操作。

1. 控制要求

(1)系统上电后,按下复位按钮后,系统复位(将传送带上的物料清空,机械手复位),红灯亮,绿灯灭。

(2)按"启动"按钮后,警示绿灯亮,3 s 后,料筒检测光电传感器仍未检测到工件,则说明料筒内无物料,这时警示黄灯闪烁(周期 1 s,占空比 1∶1),放入物料后熄灭。

(3)按下停止按钮,所有部件停止工作,警示红灯亮,警示绿灯灭。3 s 后,料筒检测光电传感器仍未检测到工件,则说明料筒内无物料,这时警示黄灯闪烁,放入物料后熄灭。

在供料单元中,料筒中物料的检测是用光电式传感器检测的。若料筒中没有物料,接近开关前方没有物体,则光没有被反射到接收器,接近开关处于常态;当料筒中有物料时,物料处于一定距离时,反射回来的光强度足够,接近开关动作从而改变输出的状态。

2. I/O 口分配

根据控制任务要求,分析所需的输入元件和输出元件,判断 S7-200 型 CPU226 PLC 的 I/O 资源是否够用。如果够用,请分配 I/O 口地址,并填在下表中(地址分配建议参照表 7-1)。

I 口地址			O 口地址		
地址	元件	功能备注	地址	元件	功能备注

3. 设计 PLC 控制程序

根据控制要求并结合 I/O 口分配信息，设计 PLC 控制程序，系统调试运行后，把最终结果记录下来。

4. 警示系统安装

把警示系统按照机械图纸进行安装，结合 I/O 口分配信息完成 PLC、警示灯、传感器、按钮、24VDC 的电气连接。通过 PPI/PC 电缆连接计算机的串口 RS232 和 S7-200 型 CPU226 PLC 的串口 RS485，并设置通信参数，检验计算机和 PLC 连接。

5. 程序下载与调试

(1)把设计的警示系统 PLC 控制程序输入计算机的 Micro/WIN STEP7 编程软件，编辑修改程序，编译无误后下载到 S7-200 型 CPU226 PLC。

(2)把 CPU 状态设置为 RUN，进行系统调试。

五、实训报告要求

(1)绘制警示系统电气控制图。

(2)写出 I/O 口分配和警示系统 PLC 控制程序(加注释)。

实训项目九　供料系统控制

一、实训目的

(1)掌握执行元件气缸的编程控制方法。

(2)掌握二位五通电磁阀的调试方法。

(3)完成 THJDME－1 的供料系统程序设计、系统安装与调试。

二、实训设备

(1)THJDME－1 实训平台。

(2)供料气缸、静音空压机、二位五通电磁阀及气路附件、光电传感器、物料。

(3)编程计算机。

三、实训内容

THJDME－1 实训平台的供料单元要求在系统工作时，能够实现物料供给并显示设备运行状态：运行、停止、缺物料，便于工人操作。

1. 控制要求

(1)系统上电后，按下复位按钮后，系统复位(将传送带上的物料清空，机械手复位)。

(2)按“启动”按钮后，警示绿灯亮；料筒光电传感器检测到有工件时，推料气缸将工件推出至存放料台；直到机械手将工件取走后(物料推出传感器检测到没有工件)，推料气缸缩回，工件下落，气缸重复上一次动作。料筒检测光电传感器检测到没有工件，3 s 后，警示黄灯闪烁(周期 1 s，占空比 1∶1)，放入物料后黄灯熄灭。

(3)按下“停止”按钮，所有部件停止工作，警示红灯亮，警示绿灯灭。料筒检测光电传感器检测到有工件，警示黄灯不亮。料筒检测光电传感器检测到没有工件，3 s 后，警示黄灯闪烁(周期 1 s，占空比 1∶1)，放入物料后黄灯熄灭。

2. I/O 口分配

根据控制任务要求，分析所需的输入元件和输出元件，判断 S7－200 型 CPU226 PLC 的 I/O 资源是否够用。如果够用，请分配 I/O 口地址，并填在下表中(地址分配建议参照表 7－1)。

I口地址			O口地址		
地址	元件	功能备注	地址	元件	功能备注

3. 设计 PLC 控制程序

根据控制要求并结合 I/O 口分配信息，设计 PLC 控制程序，系统调试运行后，把最终结果记录下来。

4. 供料单元安装

把供料单元按照机械图纸进行安装，结合 I/O 口分配信息完成 PLC、电磁阀、气动回路、警示灯、传感器、按钮、24VDC 的电气连接。通过 PPI/PC 电缆连接计算机的串口 RS232 和 S7－200 型 CPU226 PLC 的串口 RS485，并设置通信参数，检验计算机和 PLC 连接。

5. 程序下载与调试

(1)把设计的 PLC 控制程序输入计算机的 Micro/WIN STEP7 编程软件，编辑修改程序，编译无误后下载到 S7－200 型 CPU226 PLC。

(2)把 CPU 状态设置为 RUN，进行系统调试。

五、实训报告要求

(1)绘制供料单元电气控制图。

(2)写出 I/O 口分配和警示系统 PLC 控制程序(加注释)。

实训项目十　机械手搬运控制

一、实训目的

(1)掌握步进电机驱动器的使用方法。

(2)掌握步进电机的电气连接方法。

(3)完成 THJDME-1 的物料搬运单元程序设计、系统安装与调试。

二、实训设备

(1)THJDME-1 实训平台。

(2)气动机械手、电感传感器、行程开关、步进电机、步进电机驱动器、静音空压机、二位五通电磁阀及气路附件、光电传感器、物料。

(3)编程计算机。

三、实训内容

THJDME-1 实训平台的物料搬运单元要求在系统工作时,能够实现物料搬运(从供料单元到分拣单元),并能够复位。

1. 控制要求

(1)当存放料台检测光电传感器检测物料到位后,机械手手臂前伸;

(2)手臂伸出限位传感器检测到位后,延时 0.5 s,手爪气缸下降,

(3)手爪下降限位传感器检测到位后,延时 0.5 s,气动手爪抓取物料;

(4)手爪夹紧限位传感器检测到夹紧信号后,延时 0.5 s,手爪气缸上升;

(5)手爪提升限位传感器检测到位后,延时 0.5 s,手臂气缸缩回;

(6)手臂缩回限位传感器检测到位后,手臂向右旋转,手臂旋转一定角度后,手臂前伸;

(7)手臂伸出限位传感器检测到位后,手爪气缸下降;

(8)手爪下降限位传感器检测到位后,延时 0.5 s,气动手爪放开物料,手爪气缸上升;

(9)手爪提升限位传感器检测到位后,手臂气缸缩回;

(10)手臂缩回限位传感器检测到位后,手臂向左旋转,回到基准位置,等待下一个物料到位,重复上面的动作。

2. 气动机械手

(1)气动手爪:完成工件的抓取动作,由双向电控阀控制,手爪夹紧时磁性传感器有信号输出,磁性开关指示灯亮。

(2)双导杆气缸:控制机械手臂伸出、缩回,由电控气阀控制。

(3)单杆气缸:控制气动手爪的提升、下降,由电控气阀控制。

(4)电感传感器:机械手臂左摆或右摆到位后,电感传感器有信号输出(棕色接"+"、蓝色接"-"、黑色接"输出")。

(5)磁性传感器:用于气缸的位置检测。当检测到气缸准确到位后将给 PLC 发出一个到位信号(磁性传感器接线时注意蓝色接"-",棕色接"PLC 输入端")。

(6)步进电机及驱动器:用于控制机械手手臂的旋转。通过脉冲个数进行精确定位。

3. I/O 口分配

根据控制任务要求,分析所需的输入元件和输出元件,判断 S7-200 型 CPU226 PLC 的 I/O 资源是否够用。如果够用,请分配 I/O 口地址,并填在下表中(地址分配建议参照表 7-1)。

I 口地址			O 口地址		
地址	元件	功能备注	地址	元件	功能备注

4. 设计 PLC 控制程序

根据控制要求并结合 I/O 口分配信息,设计 PLC 控制程序,系统调试运行后,把最终结果记录下来。

5. 物料搬运单元安装

把物料搬运单元按照机械图纸进行安装,结合 I/O 口分配信息完成 PLC、气动机械手、电感传感器、行程开关、步进电机、步进电机驱动器、电磁阀、气动回路、警示灯、传感器、按钮、24VDC 的电气连接。通过 PPI/PC 电缆连接计算机的串口 RS232 和 S7-200 型 CPU226 PLC 的串口 RS485,并设置通信参数,检验计算机和 PLC 连接。

6. 程序下载与调试

(1)把设计的 PLC 控制程序输入计算机的 Micro/WIN STEP7 编程软件,编辑修改程序,编译无误后下载到 S7-200 型 CPU226 PLC。

(2)把 CPU 状态设置为 RUN,进行系统调试。

五、实训报告要求

(1)绘制物料搬运单元电气控制图。

(2)写出 I/O 口分配和警示系统 PLC 控制程序(加注释)。

实训项目十一　物料输送与分拣控制

一、实训目的

(1)掌握三相异步电动机的使用方法。

(2)掌握变频器驱动三相异步电动机的电气连接方法。

(3)掌握 PLC 模拟量输出控制变频器的方法。

(4)完成 THJDME－1 的物料输送与分拣单元程序设计、系统安装与调试。

二、实训设备

(1)THJDME－1 实训平台。

(2)变频器、三相异步电动机、十字滑槽联轴器、导料槽、传感器、静音空压机、二位五通电磁阀及气路附件、摆动气缸、光电传感器、物料。

(3)编程计算机。

三、实训内容

THJDME－1 实训平台的物料输送与分拣单元要求在系统工作时，能够实现物料输送与分拣(按颜色和材质)。

1.控制要求

(1)当入料口光电传感器检测到物料时，变频器接收启动信号，三相交流异步电机以 30 Hz 的频率正转运行，皮带开始输送工件；

(2)当料槽 1 到位检测传感器检测到金属物料时，推料气缸动作，将金属物料推入 1 号料槽，料槽检测传感器检测到有工件经过时，电动机停止；

(3)当料槽 1 检测传感器检测到白色物料时，旋转气缸动作，将白色物料导入 2 号料槽，料槽检测传感器检测到有工件经过时，旋转气缸转回原位，同时电动机停止；

(4)当物料为黑色物料直接导入 3 号料槽，料槽检测传感器检测到有工件经过时，电动机停止。

2.物料输送与分拣单元元件

光电传感器：当有物料放入时，给 PLC 一个输入信号。

入料口：物料入料位置定位。

电感式传感器：检测金属材料，检测距离为 2～5 mm。

光纤传感器：用于检测非金属的白色物料，检测距离为 3～8 mm，检测距离可通过传感器放大器的电位器调节。

1 号料槽:用于放置金属物料。

2 号料槽:用于放置白色尼龙物料。

3 号料槽:用于放置黑色尼龙物料。

推料气缸:将物料推入料槽,由单向电控气阀控制。

导料气缸:在检测到有白色物料时,将导料块旋转到相应的位置。

皮带输送线:由三相交流异步电动机拖动,将物料输送到相应的位置。

三相异步电动机:驱动传送带转动,由变频器控制。

3. I/O 口分配

根据控制任务要求,分析所需的输入元件和输出元件,判断 S7－200 型 CPU226 PLC 的 I/O 资源是否够用。如果够用,请分配 I/O 口地址,并填在下表中(地址分配建议参照表 7-1)。

I 口地址			O 口地址		
地址	元件	功能备注	地址	元件	功能备注

4. 设计 PLC 控制程序

请根据控制要求并结合 I/O 口分配信息,设计 PLC 控制程序,系统调试运行后,把最终结果记录下来。

5. 物料输送与分拣单元安装

把物料输送与分拣单元按照机械图纸进行安装,结合 I/O 口分配信息完成 PLC、变频器、三相异步电动机、十字滑槽联轴器、导料槽、传感器、静音空压机、二位五通电磁阀及气路附件、摆动气缸、物料、按钮、24VDC 的电气连接。通过 PPI/PC 电缆连接计算机的串口 RS232 和 S7－200 型 CPU226 PLC 的串口 RS485,并设置通信参数,检验计算机和 PLC 连接。

6. 程序下载与调试

(1)把设计的 PLC 控制程序输入计算机的 Micro/WIN STEP7 编程软件,编辑修改程序,编译无误后下载到 S7－200 型 CPU226 PLC。

(2)把 CPU 状态设置为 RUN,进行系统调试。

四、实训报告要求

(1)绘制物料输送与分拣单元电气控制图。

(2)写出 I/O 口分配和警示系统 PLC 控制程序(加注释)。

实训项目十二　西门子 MM440 变频器实训

一、实训目的

(1)了解 THJDME-1 实训装置的西门子 MM440 变频器的应用。

(2)掌握三相交流异步电动机的原理和使用。

(3)掌握西门子 MM440 变频器的相关知识。

(4)掌握西门子 MM440 变频器的参数设置方法。

(5)训练西门子 MM440 变频器的安装与调整技能。

二、实训设备

(1)西门子 MM440 变频器。

(2)三相交流异步电动机。

(3)导线若干。

三、THJDME-1 的中异步电动机及其控制

在自动线中,有许多机械运动控制,就像人的手和足一样,用来完成机械运动和动作。实际应用中,自动线中作为动力源的驱动装置有各种电动机、气动装置和液压装置。在 THJDME-1 中,分拣单元传送带的运动控制由三相交流异步电动机来完成。在运行中,它不仅要启动、停止传送带,而且要改变速率。交流异步电动机利用电磁线圈把电能转换成电磁能力,再靠磁力做功,从而把电能转换成转子的机械运动。交流电动机结构简单,可产生较大功率。

1. 交流异步电动机的使用

三相交流电动机究竟是如何来工作的呢?图 12-1 所示是一台单极的三相交流电动机的工作原理图,当三相绕组中流过三相交流时,各绕组按有螺旋定则产生磁场。每一相绕组产生一对 N 极和 S 极,三相绕组的磁场合成起来,形成一对合成的磁场的 N 极和 S 极。这个合成的磁场式一个旋转磁场,每当绕组中的电流变化一个周期,交流电动机就会旋转一周。

旋转的磁场的转速称为交流电动机的同步转速。绕组电流的频率为 f,电动机的磁极数为 p,则同步转速可 $n_0=60f/p$ 表示,异步电动机的转子转速 n 为

$$n=\frac{60f}{p}(1-s)$$

其中,s 为转差率。

由以上公式可见,要改变电动机的转速,可改变磁极对数 p、转差率 s 或电源频率 f 三个

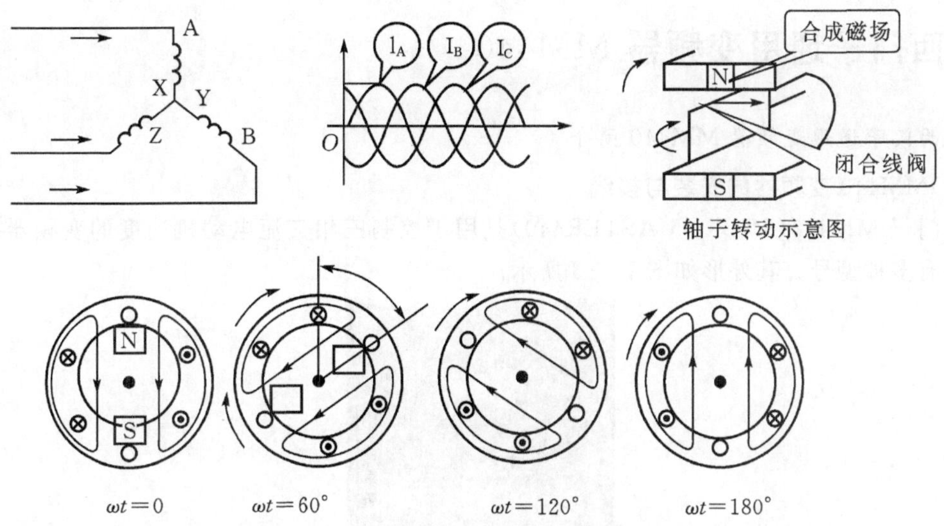

图 12-1　三相交流电动机工作原理

参数。在 THJDME-1 分拣站的传送带的控制上,交流电动机采用变频方式调速。

2. 传动带驱动机构

输送与分拣站的传送带驱动机构使用三相交流电动机,如图 12-2 所示。用于拖动传送带从而输送物料。它主要由电机支架、电动机、联轴器等组成。三相电机是传动机构主要部分,电动机转速的快慢由变频器来控制,其作用是带传送带从而输送物料。电机支架用于固定电动机。联轴器由于把电动机的轴和输送带主动轮的轴联接起来,从而组成一个传动机构。

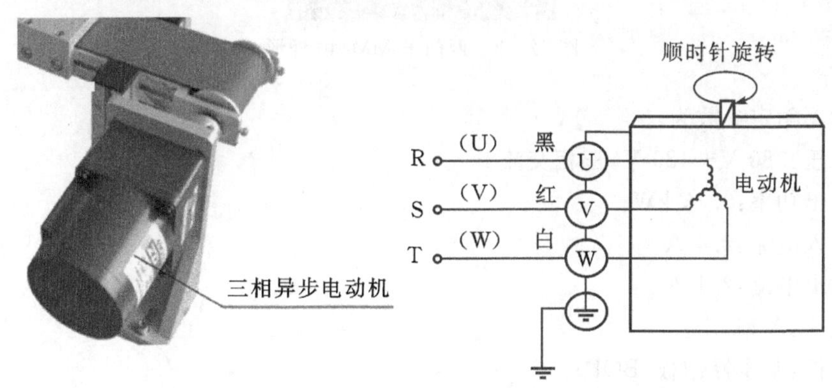

图 12-2　传送带上使用三相交流电动机

三相异步电动机在运行过程中需要注意,如其中一相和电源断开,则变成缺相运行。三相供电变成两相供电,电流变大,导致电动机过热。使用中要特别注意这种现象:三相异步电机若在启动前有一相断电,将不能启动。此时只能听到嗡嗡声,长时间启动不了,也会过热,必须尽快切断电路后排除故障。

改变电动机供电电源的相序,就可以改变电动机的转向,在 HTJDME-1 中,电动机的方向和转速都是由变频器控制的。采用的是西门子公司通用变频器 MM440。

四、西门子通用变频器 MM440

1. 西门子通用变频器 MM440 简介

(1)MM440 变频器的安装与接线

西门子 MM440(MICROMASTER440)是用于控制三相交流电动机速度的变频器系列，该系列有多种型号。其外形如图 12-3 所示。

图 12-3　西门子 MM440 外形

该变频器额定参数为：

电源电压:380 V～480 V,三相交流。

额定输出功率:0.75 kW。

额定输入电流:2.4 A。

额定输出电流:2.1 A。

外形尺寸:A 型。

操作面板:基本操作板(BOP)。

在工程使用中,MM440 变频器通常安装在配电箱内的 DIN 导轨上,安装和拆卸的步骤如图 12-4 所示。

(1)安装的步骤。

①用导轨的上闩销把变频器固定到导轨的安装位置上。

②向导轨上按压变频器,直到导轨的下闩销嵌入到位。

(2)从导轨上拆卸变频器的步骤。

①为了松开变频器的释放机构,将螺丝刀插入释放机构中。

②向下施加压力,导轨的下闩销就会松开。

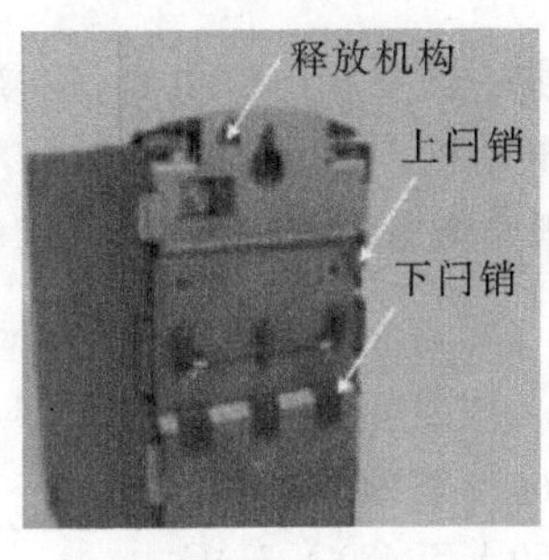

(a)变频器背面的固定机械

(b)在 DIN 导轨上安装变频器

(c)从导轨上拆

图 12－4　MM440 变频器的安装和拆卸的步骤

③将变频器从导轨上取下。

(3)MM440 变频器的接线。

打开变频器的盖子后,就可以连接电源和电动机的接线端子。接线端子在变频器机壳下盖板内,机壳盖板的拆卸步骤如图 12－5 所示。

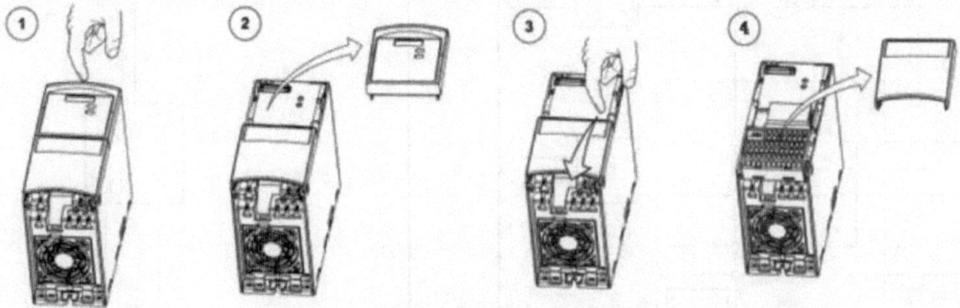

图 12－5　机壳盖板的拆卸步骤

拆卸盖板后可以看到变频器的接线端子,如图 12－6 所示。

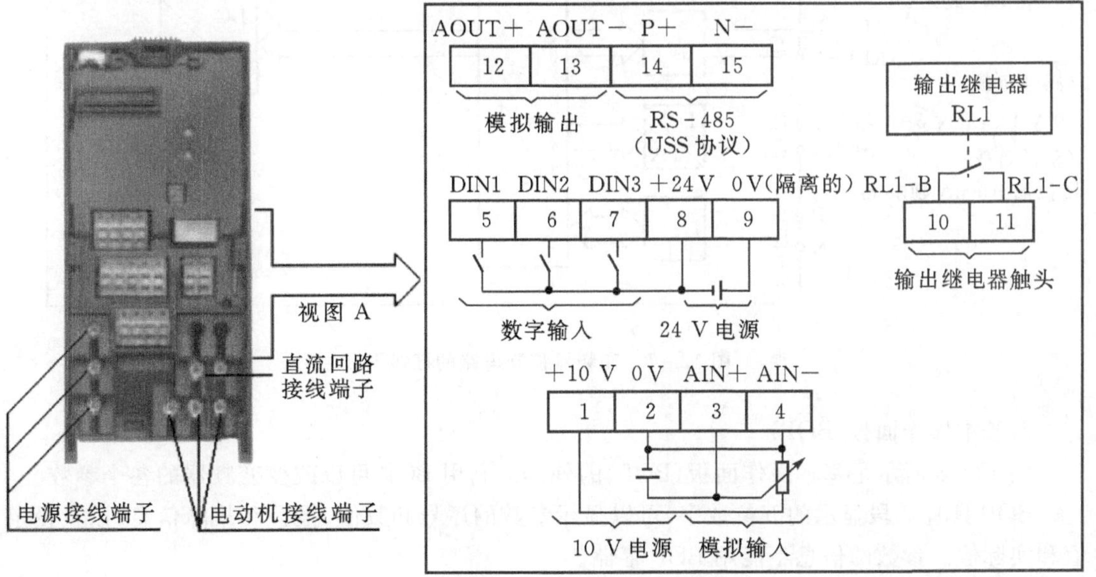

图 12－6　MM440 变频器的接线端子

(4)变频器主电路的接线。

变频器主电路电源由配电箱通过自动开关 QF 单独提供一路三相电源供给,连接到图 12－5 所示的电源接线端子,电动机接线端子引出线则连接到电动机。

注意,接地线 PE 必须连接到变频器接地端子,并连接到交流电动机的外壳。

变频器控制电路的接线见图 12－7。

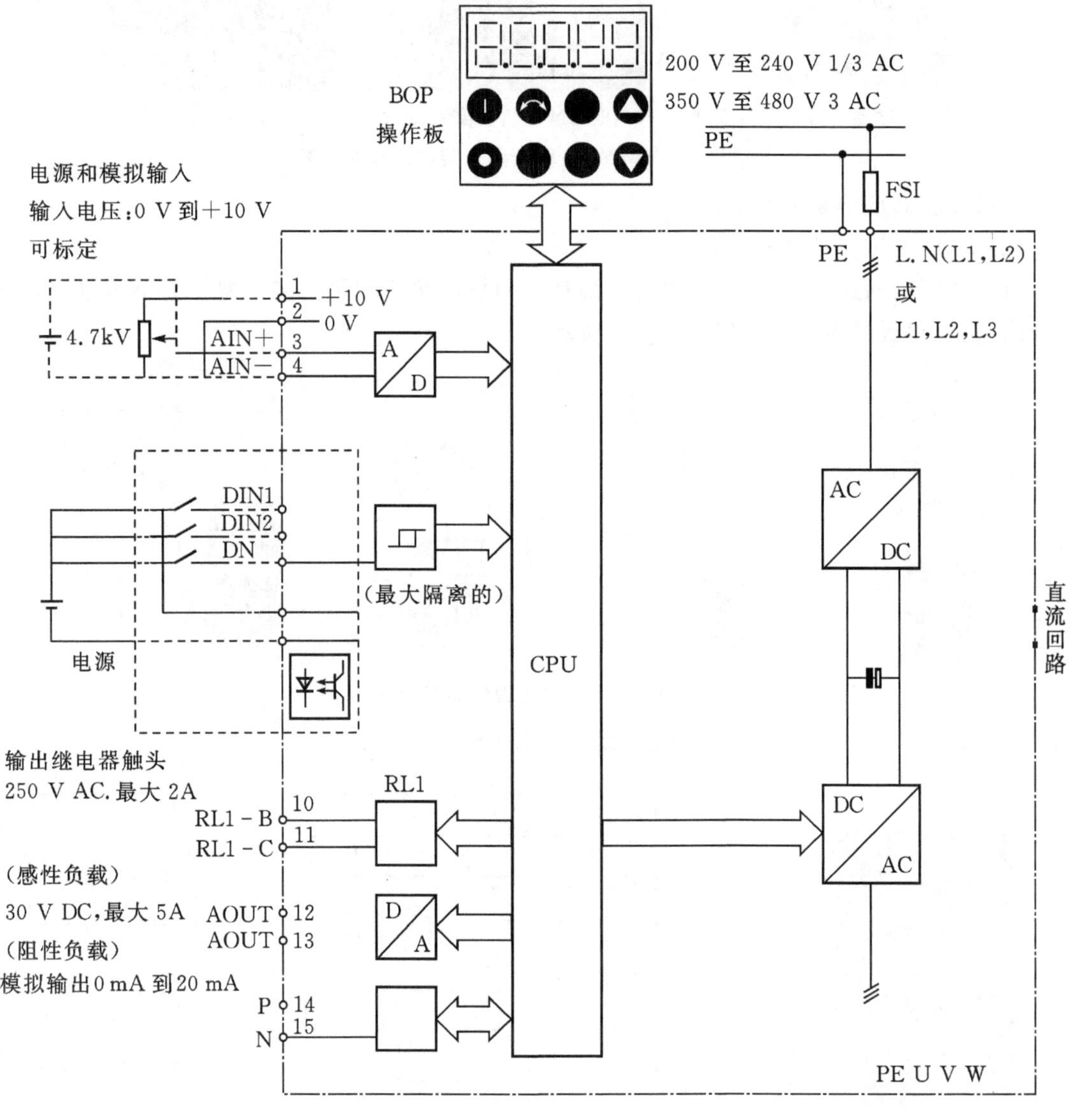

图 12－7　变频器控制电路的接线图

2)基本操作面板(BOP)

图 12－8 所示是基本操作面板(BOP)的外形。利用 BOP 可以改变变频器的各个参数。

BOP 具有 7 段显示的五位数字,可以显示参数的序号和数值、报警和故障信息,以及设定值和实际值。参数的信息不能用 BOP 存储。

基本操作面板(BOP)有 8 个按钮,表 12－1 列出了这些按钮的功能。

图 12-8 操作面板 BOP

表 12-1 基本操作面板(BOP)的按钮及其功能

显示/按纽	功能	功能的说明
r0000	状态显示	LCD 显示变频器当前的设定值
I	启动变频器	按此键起变频器，缺省值运行时此键是被封锁的。为了使此键的操作有效，应设定 P0700=1
0	停止变频器	OFF1:按此键，变频器将按选定的斜坡下降速率减速停车，缺省值运行时此键被封锁:为了允许此键操作，应设定 P0700=1 OFF2:按此键两次(或一次，但时间较长)电动机将在惯性作用下自由停车。此功能总是“使能”的
	改变电动机的转动方向	按此键可以改变电动机的转动方向，电动机的反向时，用负号表示或用闪烁的小数点表示。缺省值运行时此键是被封锁的，为了使此键的操作有效应设定 P0700=1
jog	电动机点动	在变频器无输出的情况下按此键，将使电动机起动，并按预设定的点动频率运行。释放此键时，变频器停车。如果变频器/电动机正在运行，按此键将不起作用
Fn	功能	此键用于浏览辅助信息。 变频器运行过程中，在显示任何一个参数时按下此键并保持不动 2 秒钟，将显示以下参数值(在变频器运行中从任何一个参数开始)： 1. 直流回路电压(用 d 表示-单位:V) 2. 输出电流 A 3. 输出频率(HZ) 4. 输出电压(用 o 表示-单位 V) 5. 由 P0005 选定的数值(如果 P0005 选择显示上述参数中的任何一个(3,4 或 5)，这里将不再显示) 连续多次按下此键将轮流显示以上参数 **跳转功能** 在显示任何一个参数(rXXXX 或 PXXXX)时短时间按下此键，将立即跳转到 r0000，如果需要的话，您可以接着修改其它的参数。跳转到 r0000 后，按此键将返回原来的显示点

显示/按纽	功能	功能的说明
(P)	访问参数	按此键即可访问参数
(▲)	增加数值	按此键即可增加面板上显示的参数值
(▼)	减少数值	按此键即可减少面板上显示的参数值

3)MM440 变频器的参数

(1)参数号和参数名称:参数号是指该参数的编号。参数号用 0000 到 9999 的 4 位数字表示。

在参数号的前面冠以一个小写字母"r"时,表示该参数是"只读"的参数。其它所有参数号的前面都冠以一个大写字母"P"。这些参数的设定值可以直接在标题栏的"最小值"和"最大值"范围内进行修改。

[下标]表示该参数是一个带下标的参数,并且指定了下标的有效序号。通过下标,可以对同一参数的用途进行扩展,或对不同的控制对象,自动改变所显示的或所设定的参数。

(2)参数设置方法:用 BOP 可以修改和设定系统参数,使变频器具有期望的特性,例如,斜坡时间,最小和最大频率等。选择的参数号和设定的参数值在五位数字的 LCD 上显示。更改参数的数值的步骤可大致归纳为:

①查找所选定的参数号;

②进入参数值访问级,修改参数值;

③确认并存储修改好的参数值。表 12-2 说明如何改变参数 P0004 的数值。按照图中说明的类似方法,可以用'BOP'设定常用的参数。

表 12-2 改变参数 P0004 的步骤

序号	操作内容	显示的结果
1	按(P)访问参数	r0000
2	按(▲)直到显示出 P0004	P0004
3	按(P)进入参数值访问级	0
4	按(▲)或(▼)达到所需要的数值	3
5	按(P)确认并存储参数的数值	P0004
6	使用者只能看到命令参数	

参数 P0004(参数过滤器)的作用是根据所选定的一组功能,对参数进行过滤(或筛选),并

集中对过滤出的一组参数进行访问，从而可以更方便地进行调试。P0004 可能的设定值如表 12-2 所示，缺省的设定值=0。

表 12-3　P0004 可能的设定值

设定值	所指定参数组意义
0	全部参数
2	变频器参数
3	电动机参数
7	命令，二进制Ⅰ/O
8	模-数转换和数-模转换
10	设定值通道/RFG(斜坡函数发生器)
12	驱动装置的特征
13	电动机的控制
20	通讯
21	报警/警告/监控
22	工艺参量控制器(例如 PID)

(3)MM440 变频器的参数访问：MM440 变频器有数千个参数，为了能快速访问指定的参数，采用把参数分类，屏蔽(过滤)不需要访问的类别的方法实现。实现这种过滤功能的有如下几个参数：

①上面所述的参数 P0004 就是实现这种参数过滤功能的重要参数。当完成了 P0004 的设定以后再进行参数查找时，在 LCD 上只能看到 P0004 设定值所指定类别的参数。

②参数 P0010 是调试参数过滤器，对参数进行过滤，只筛选出那些与特定功能组有关的参数。P0010 的可能设定值为：0(准备)，1(快速调试)，30(工厂的缺省设定值)。缺省设定值为 0。

③参数 P0003 用于定义用户访问参数组的等级，设置范围为 1～4，其中：

"1"标准级：可以访问最经常使用的参数。

"2"扩展级：允许扩展访问参数的范围，例如变频器的 I/O 功能。

"3"专家级：只供专家使用。

"4"维修级：只供授权的维修人员使用，具有密码保护。

该参数缺省设置为等级 1(标准级)，对于大多数简单的应用对象，采用标准级就可以满足要求了。用户可以修改设置值，但建议不要设置为等级 4(维修级)。

例题 1　用 BOP 进行变频器的"快速调试"。

快速调试包括电动机参数和斜坡函数的参数设定。并且，电动机参数的修改仅当快速调试时有效。在进行"快速调试"以前，必须完成变频器的机械和电气安装。

当选择 P0010=1 时，进行快速调试。表 12-4 是对应的电动机参数设置表。

表 12-4 设置电动机参数

参数号	出厂值	设置值	说明
P0003	1	1	设用户访问级为标准级
P0010	0	1	快速调试
P0100	0	0	设置使用地区,0=欧洲,功率以 kW 表示,频率为 50 Hz
P0304	400	380	电动机额定电压(V)
P0305	1.90	0.18	电动机额定电流(A)
P0307	0.75	0.03	电动机额定功率(kW)
P0310	50	50	电动机额定频率(Hz)
P0311	1395	1300	电动机额定转速(r/min)

快速调试的进行与参数 P3900 的设定有关,当其被设定为 1 时,快速调试结束后,要完成必要的电动机计算,并使其他所有的参数(不包括在内)复位为工厂的缺省设置。当完成快速调试后,变频器已作好了运行准备。

例题 2 将变频器复位为工厂的缺省设定值。

如果用户在参数调试过程中遇到问题,并且希望重新开始调试,通常采用首先把变频器的全部参数复位为工厂的缺省设定值,再重新调试的方法。为此,应按照下面的数值设定参数:

①设定 P0010=30;

② 设定 P0970=1。

按下 P 键,便开始参数的复位。变频器将自动地把它的所有参数都复位为它们各自的缺省设置值。复位为工厂缺省设置值的时间大约要 60 s。

(4)常用参数设置举例。

P0700 这一参数用于指定命令源,可能的设定值如表 12-5 所示,缺省值为 2。

表 12-5 P0700 的设定值

设定值	所指定参数值意义	设定值	所指定参数值意义
0	工厂的缺省设置	4	通过 BOP 链路的 USS 设置
1	工厂的缺省设置	5	通过 COM 链路的 USS 设置
2	工厂的缺省设置	6	通过 COM 链路的通讯板(CB)设置

注意,当改变这一参数时,同时也使所选项目的全部设置值复位为工厂的缺省设置值。例如:把它的设定值由 1 改为 2 时,所有的数字输入都将复位为缺省的设置值。

P1000 这一参数用于选择频率设定值的信号源。其设定值可达 1~7,如表 12-6 所示。缺省的设置值为 2。

表 12-6 P1000 的设定值

设定值	所指定参数值意义
1	MOP(电动电位差计)设定值。取此值时,选择基本操作板(BOP)的按键指定输出频率
2	模拟设定值:输出频率由 3~4 端子两端的模拟电压(0~10 V)设定

设定值	所指定参数值意义
3	固定频率:输出频率由数字输入端子 DIN1～DIN3 的状态指定。用于多段速控制
5	通过 COM 链路的 设定(端子 29、30)。即通过按协议的串行通讯线路设定输出频率
6	PROFIBUS(CB 通信板)
7	模拟输入 2 通道(端子 10、11)

例题 3　电机速度的连续调整。

变频器的参数在出厂缺省值时,命令源参数指定命令源为“外部”;频率设定值信号源,指定频率设定信号源为“模拟量输入”。这时,只须在端子 3 与端子 4 加上模拟电压(DC 0～10 V 可调);并使数字输入信号为,即可启动电动机实现电机速度连续调整。

模拟电压信号从变频器内部电源获得。按图 12-6 的接线,用一个 4.7kV 电位器连接内部电源+10 V 端(端子①)和 0 V 端(端子 2),中间抽头与 AIN1+(端子 3)相连。连接主电路后接通电源,使端子的开关短接,即可启动/停止变频器,旋动电位器即可改变频率实现电机速度连续调整。上述电机速度的调整操作中,电动机的最低速度取决于参数 P1080(最低频率),最高速度取决于参数 P2000(基准频率)。

参数 P1080 属于“设定值通道”参数组(P0004=10),缺省值为 0.00 Hz。

参数 P2000 是串行链路,模拟和控制器采用的满刻度频率设定值,属于“通讯”参数组(P0004=20),缺省值为 50.00 Hz。

如果缺省值不满足电机速度调整的要求范围,就需要调整这 2 个参数。另外需要指出的是,如果要求最高速度高于 50.00 Hz,则设定与最高速度相关的参数时,除了设定参数 P2000 外,还要设置参数 P1082(最高频率)。

参数 P1082 也属于“设定值通道”参数组(P0004=10),缺省值为 50.00 Hz。即参数限制了电动机运行的最高频率。因此最高速度要求高于 50.00 Hz 的情况下,需要修改参数 P1082。

电动机运行的加、减速度的快慢,可用斜坡上升和下降时间表征,分别由参数 P1120、P1121 设定。这两个参数均属于“设定值通道”参数组,并且可在快速调试时设定。

P1120 是斜坡上升时间,即电动机从静止状态加速到最高频率(P1082)所用的时间。设定范围为 0～650 s,缺省值为 10 s。

P1121 是斜坡下降时间,即电动机从最高频率(P1082)减速到静止停车所用的时间。设定范围为 0～650 s,缺省值为 10 s。

如果设定的斜坡上升时间太短,有可能导致变频器过电流跳闸;同样,如果设定的斜坡下降时间太短,有可能导致变频器过电流或过电压跳闸。

例题 4　模拟电压信号由外部给定,电动机可正反转。

根据题目要求,参数 P0700(命令源选择),P1000(频率设定值选择)可为缺省设置,即 P0700=2(由端子排输入),P1000=2(模拟输入)。从模拟输入端③(AIN+)和④(AIN-)输入来自外部的 0～10 V 直流电压(例如从 PLC 的 D/A 模块获得),即可连续调节输出频率的大小。

用数字输入端口 DIN1 和 DIN2 控制电动机的正反转方向时,可通过设定参数 P0701、

P0702 实现。例如，使 P0701=1(DIN1 ON 接通正转，OFF 停止)，P0702=2(DIN2 ON 接通反转，OFF 停止)。

(5)多段速控制：当变频器的命令源参数 P0700=2(外部 I/O)，选择频率设定的信号源参数 P1000=3(固定频率)，并设定数字输入端子 DIN1、DIN2、DIN3 等相应的功能后，就可以通过外接的开关器件的组合通断改变输入端子的状态，实现电机速度的有级调整。这种控制频率的方式称为多段速控制功能。

选择数字输入 1(DIN1)功能的参数为 P0701，缺省值=1；

选择数字输入 2(DIN2)功能的参数为 P0702，缺省值=12；

选择数字输入 3(DIN3)功能的参数为 P0703，缺省值= 9。

为了实现多段速控制功能，应该修改这 3 个参数，给端子赋予相应的功能。

参数 P0701、P0702、P0703 均属于"命令，二进制 I/O"参数组(P0004=7)，可能的设定值如表 12-7 所示。

表 12-7 参数 P0701、P0702、P0703 可能的设定值

设定值	所指定参数值意义
0	禁止数字输入
1	接通正转/停车命令 1
2	接通反转/停车命令 1
3	按惯性自由停车
4	按斜坡函数曲线快速降速停车
9	故障确认
10	正向点动
11	反向点动
12	反转
13	MOP(电动电位计)升速(增加频率)
14	MOP 降速(减少频率)
15	固定频率设定值(直接选择)
16	固定频率设定值(直接选择+ON)
17	固定频率设定值(二进制编码的十进制数(BCD 码)选择+ON 命令)
21	机旁/远程控制
25	直流注入制动
29	由外部信号触发跳闸
33	禁止附加频率设定值
99	使能 BICO 参数化

由表 12-7 可见，参数 P0701、P0702、P0703 设定值取值为 15，16，17 时，选择固定频率的方式确定输出频率。这三种选择说明如下：

①直接选择(P0701～P0703 = 15)。在这种操作方式下，一个数字输入选择一个固定频

率。如果有几个固定频率输入同时被激活，则选定的频率是它们的总和。例如：FF1＋FF2＋FF3。在这种方式下，还需要一个 ON 命令才能使变频器投入运行。

②直接选择＋ON 命令（P0701～P0703＝16）。选择固定频率时，既有选定的固定频率，又带有启动命令，把它们组合在一起。在这种操作方式下，一个数字输入选择一个固定频率。如果有几个固定频率输入同时被激活，选定的频率是它们的总和。例如：FF1 ＋ FF2 ＋ FF3。

③二进制编码的十进制数（BCD 码）选择＋启动命令（P0701～P0704 ＝ 17）。使用这种方法最多可以选择 15 个固定频率。

综上所述，为实现多段速控制的参数设置步骤如下：

①设置 P004＝7，选择“外部 I/O”参数组，然后设定 P0700＝2；指定命令源为“由端子排输入”。

②设定 P0701、P0702、P0703＝15～17，确定数字输入 DIN1、DIN2、DIN3 的功能

③设置 P0004＝10，选择“设定值通道”参数组，然后设定 P1000＝3，指定频率设定值信号源为固定频率。

④设定相应的固定频率值，即设定参数 P1001～P1007 有关对应项。

例如要求电动机能实现正反转和高、中、低三种转速的调整，高速时运行频率为 40 Hz，中速时运行频率为 25 Hz，低速时运行频率为 15 Hz。则变频器参数调整的步骤如表 12－8 所示。

表 12－8　三段固定频率参数表

步骤号	参数号	出厂值	设置值	说明
1	P0003	1	1	设用户访问级为标准级
2	P0004	0	7	命令组为命令和数字 I/O
3	P0700	2	2	命令源选择“由端子排输入”
4	P0003	1	2	设用户访问级为扩展级
5	P0701	1	16	DIN1 功能设定为固定频率设定值（直接选择＋ON）
6	P0702	12	16	DIN2 功能设定为固定频率设定值（直接选择＋ON）
7	P0703	9	12	DIN3 功能设定为接通时反转
8	P0004	0	10	命令级为设定值通道和斜坡函数发生器
9	P1000	2	3	频率给定输入方式设定为固定频率设定值
10	P1001	0	25	固定频率 1
11	P1002	5	15	固定频率 2

设置上述参数后，将 DIN1 置为高电平，DIN2 置为低电平，变频器输出 25 Hz（中速）；将 DIN1 置为低电平，DIN2 置为高电平，变频器输出 15 Hz（低速）；将 DIN1 置为高电平，DIN2 置为高电平，变频器输出 40 Hz（高速）；将 DIN3 置为高电平，电动机反转。

五、THJDME-1 中变频器 MM440 的使用

1. 主要参数设置

THJDME-1 中变频器 MM440 的主要参数设置如表 12－9 所示。

表 12－9　主要参数设置

序号	参数代号	设置值	说明
1	P0010	30	调出出厂设置参数
2	P0970	1	恢复出厂值
3	P0003	3	参数访问级
4	P0004	0	参数过滤器
5	P0010	1	快速调试
6	P0100	0	工频选择
7	P0304	380	电动机的额定电压
8	P0305	0.17	电动机的额定电流
9	P0307	0.03	电动机的额定功率
10	P0310	50	电动机的额定频率
11	P0311	1500	电动机的额定速度
12	P0700	2	选择命令源(外部端子控制)
13	P1000	1	选择频率设定值
14	P1080	0	电动机最小频率
15	P1082	50.00	电动机最大频率
16	P1120	2.00	斜坡上升时间
17	P1121	5.00	斜坡下降时间
18	P3900	1	结束快速调试
19	P0003	3	检查 P0003 是否为 3
20	P1040	30	频率设定

2. 变频器的连接

(1)将系统左侧的三相四芯电源插头插入三相电源插座中，开启电源控制模块中三相电源总开关，U、V、W 端输出三相 380 V 交流电源，单相双联暗插座输出 220 V 交流电源。

(2)用三芯电源线分别从单相暗插座引出交流 220 V 电源到 PLC 模块和按钮模块的电源插座上。

(3)变频器的电源输入端 L1、L2、L3 分别接到电源模块中三相交流电源 U、V、W 端；变频器输出端 U、V、W 分别接到接线端子排的电机输入端 86、87、88。

实训项目十三　步进电机实训

一、实训目的

(1)理解 THJDME - 1 实训装置的步进电动机作用。

(2)掌握步进电动机的工作原理。

(3)掌握步进电动机的相关知识。

(4)掌握步进驱动器的相关知识。

(5)完成步进电动机和步进驱动器的安装与调试。

二、实训设备

(1)步进电机:57BYG350CL－SAKSML050。

(2)步进驱动器:3ND583。

三、认识步进电动机及其驱动器

1. 步进电动机简介

步进电动机是将电脉冲信号转换为相应的角位移或直线位移的一种特殊执行电动机。每输入一个电脉冲信号,电机就转动一个角度,它的运动形式是步进式的,所以称为步进电动机。

1)步进电动机的工作原理

下面以一台最简单的三相反应式步进电动机为例,简介步进电机的工作原理。图 13 - 1 是一台三相反应式步进电动机的原理图。定子铁心为凸极式,共有三对(六个)磁极,每两个空间相对的磁极上绕有一相控制绕组。转子用软磁性材料中制成,也是凸极结构,只有四个齿,齿宽等于定子的极宽。

当 A 相控制绕组通电,其余两相均不通电,电机内建立以定子 A 相极为轴线的磁场。由于磁通具有力图走磁阻最小路径的特点,使转子齿 1、3 的轴线与定子 A 相极轴线对齐,如图 13 - 1(a)所示。若 A 相控制绕组断电、B 相控制绕组通电时,转子在反应转矩的作用下,逆时针转过 30°,使转子齿 2、4 的轴线与定子 B 相极轴线对齐,即转子走了一步,如图 13 - 1(b)所示。若在断开 B 相,使 C 相控制绕组通电,转子逆时针方向又转过 30°,使转子齿 1、3 的轴线与定子 C 相极轴线对齐,如图 13 - 1(c)所示。

如此按 A—B—C—A 的顺序轮流通电,转子就会一步一步地按逆时针方向转动。其转速取决于各相控制绕组通电与断电的频率,旋转方向取决于控制绕组轮流通电的顺序。若按 A—C—B—A 的顺序通电,则电动机按顺时针方向转动。

上述通电方式称为三相单三拍。“三相”是指三相步进电动机;“单三拍”是指每次只有一

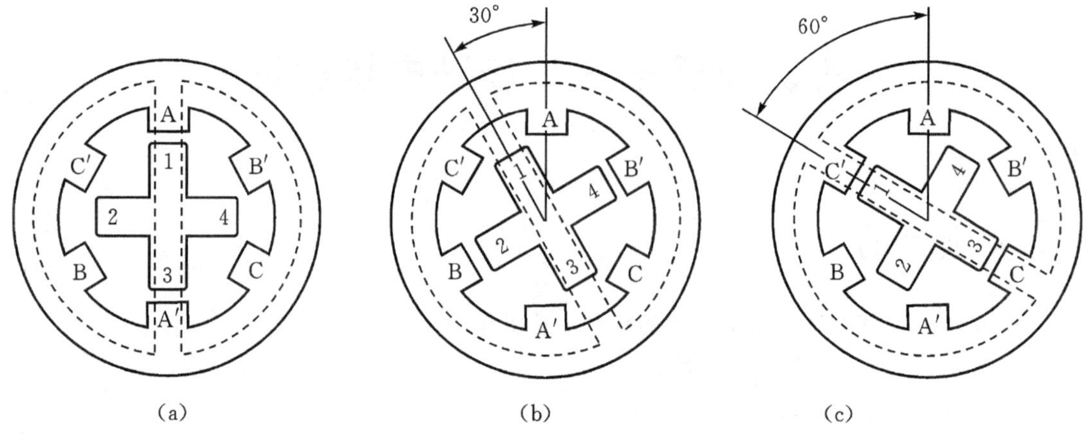

图 13-1　三相反应式步进电动机原理图

相控制绕组通电；控制绕组每改变一次通电状态称为一拍，“三拍”是指改变三次通电状态为一个循环。把每一拍转子转过的角度称为步距角。

三相单三拍运行时，步距角为 30°。显然，这个角度太大，不能付诸实用。如果把控制绕组的通电方式改为 A→AB→B→BC→C→CA→A，即一相通电接着二相通电间隔地轮流进行，完成一个循环需要经过六次改变通电状态，称为三相单、双六拍通电方式。当 A、B 两相绕组同时通电时，转子齿的位置应同时考虑到两对定子极的作用，只有 A 相极和 B 相极对转子齿所产生的磁拉力相平衡的中间位置，才是转子的平衡位置。这样，单、双六拍通电方式下转子平衡位置增加了一倍，步距角为 15°。

进一步减少步距角的措施是采用定子磁极带有小齿，转子齿数很多的结构，分析表明，这样结构的步进电动机，其步距角可以做得很小。一般地说，实际的步进电机产品，都采用这种方法实现步距角的细分。例如输送单元所选用 Kinco 的三相步进电机，它的步距角是在整步方式下为 1.8°，半步方式下为 0.9°。

2）步进电机的使用

步进电机的使用，一是要注意正确的安装，二是正确的接线。

安装步进电机，必须严格按照产品说明的要求进行。步进电机是精密装置，安装时注意不要敲打它的轴端，更不要拆卸电机。

步进电机的接线如图 13-2 所示，三个相绕组的六根引出线必须按头尾相连的原则连接

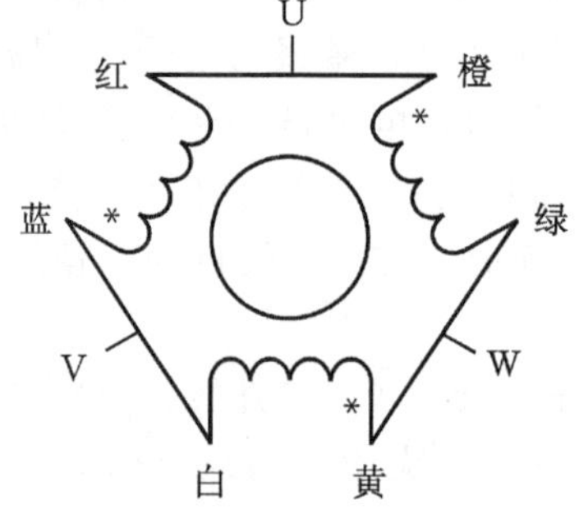

线色	电机信号
红色	U
橙色	
蓝色	V
白色	
黄色	W
绿色	

图 13-2　步进电机的接线

成三角形。改变绕组的通电顺序就能改变步进电机的转动方向。步进电动机需要专门的驱动装置(驱动器)供电,驱动器和步进电动机是一个有机的整体,步进电动机的运行性能是电动机及其驱动器二者配合所反映的综合效果。

一般来说,每一台步进电机大都有其对应的驱动器,例如,三相步进电机与之配套的驱动器是三相步进电机驱动器。其外观图和典型接线图如图 13-3 和图 13-4 所示。

图 13-3　三相步进电机驱动器

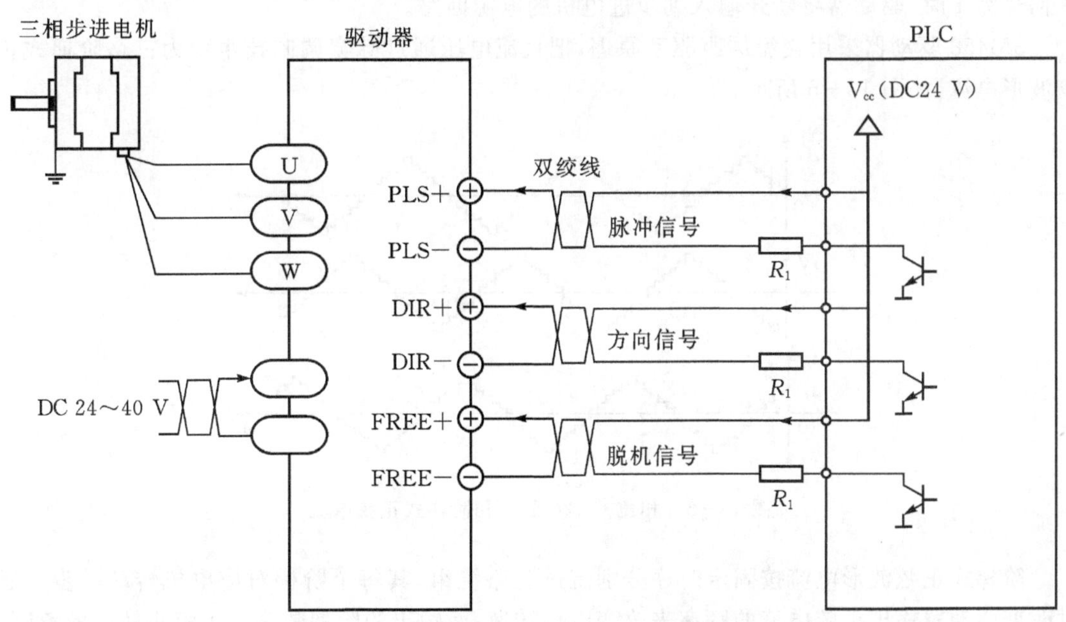

图 13-4　三相步进电机驱动器接线图

(步进电机:57BYG350CL-SAKSML050;步进电机驱动器:3ND583。)

图 13－4 中，驱动器可采用直流 24～40 V 电源供电。该电源由输送单元专用的开关稳压电源(DC24 V 8 A)供给。

输出相电流为 3.0～5.8 A，输出相电流通过拨动开关设定；驱动器采用自然风冷的冷却方式；控制信号输入电流为 6～20 mA，控制信号的输入电路采用光耦隔离。输送单元输出公共端使用的是电压，所使用的限流电阻为 2 kΩ。

步进电机驱动器的功能是接收来自控制器(PLC)的一定数量和频率脉冲信号以及电机旋转方向的信号，为步进电动机输出三相功率脉冲信号。步进电机驱动器的组成包括脉冲分配器和脉冲放大器两部分，主要解决向步进电机的各相绕组分配输出脉冲和功率放大两个问题。

脉冲分配器是一个数字逻辑单元，它接收来自控制器的脉冲信号和转向信号，把脉冲信号按一定的逻辑关系分配到每一相脉冲放大器上，使步进电机按选定的运行方式工作。由于步进电机各相绕组是按一定的通电顺序不断循环来实现步进功能的，因此脉冲分配器也称为环形分配器。实现这种分配功能的方法有多种，例如，可以由双稳态触发器和门电路组成，也可由可编程逻辑器件组成。

脉冲放大器是进行脉冲功率放大。因为从脉冲分配器能够输出的电流很小(毫安级)，而步进电机工作时需要的电流较大，因此需要进行功率放大。此外，输出的脉冲波形、幅度、波形前沿陡度等因素对步进电机运行性能有重要的影响。驱动器采取了如下一些措施，大大改善了步进电机运行性能：

内部驱动直流电压达 40 V，能提供更好的高速性能。

具有电机静态锁紧状态下的自动半流功能，可大大降低电机的发热。

而为调试方便，驱动器还有一对脱机信号输入线 FREE＋和 FREE－(见图 13－4)，当这一信号为 1 时，驱动器将断开输入到步进电机的电源回路。

3M458 驱动器采用交流伺服驱动原理，把直流电压通过脉宽调制技术变为三路阶梯式正弦波形电流，如图 13－5 所示。

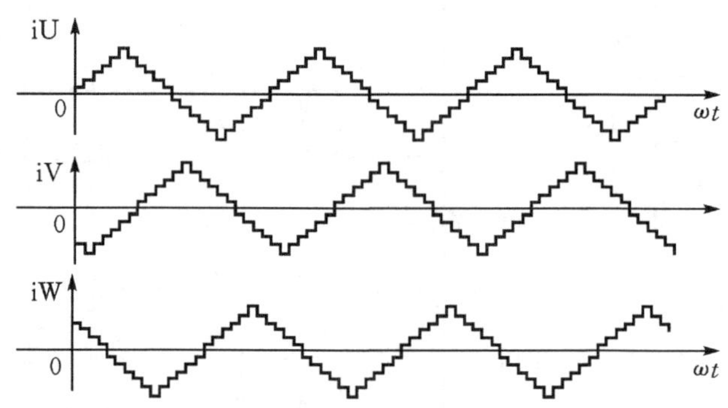

图 13－5　相位差 120°的三相阶梯式正弦电流

阶梯式正弦波形电流按固定时序分别流过三路绕组，其每个阶梯对应电机转动一步。通过改变驱动器输出正弦电流的频率来改变电机转速，而输出的阶梯数确定了每步转过的角度，当角度越小的时候，那么其阶梯数就越多，即细分就越大，从理论上说此角度可以设得足够小，所以细分数可以是很大。3M458 最高可达 10000 步/转的驱动细分功能，细分可以通过拨动开关设定。

细分驱动方式不仅可以减小步进电机的步距角，提高分辨率，而且可以减少或消除低频振动，使电机运行更加平稳均匀。在驱动器的侧面连接端子中间有一个红色的八位 DIP 功能设定开关，可以用来设定驱动器的工作方式和工作参数，包括细分设置、静态电流设置和运行电流设置。图 13-6 是该 DIP 开关功能划分说明，表 13-1 和表 13-2 分别为细分设置表和电流设定表。

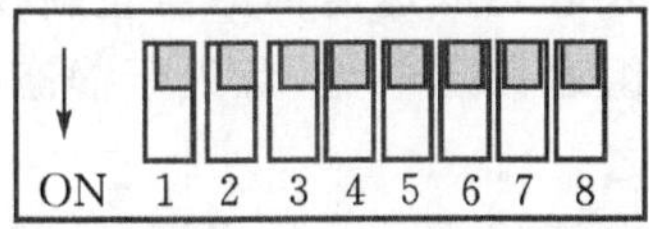

开关序号	ON 功能	OFF 功能
DIP1～DIP3	细分设置用	细分设置用
DIP4	静态电流全流	静态电流半流
DIP5～DIP8	电流设置用	电流设置用

图 13-6 DIP 开关功能

表 13-1 细分设置表

DIP1	DIP2	DIP3	细分
ON	ON	ON	400 步/转
ON	ON	OFF	500 步/转
ON	OFF	ON	600 步/转
ON	OFF	OFF	1000 步/转
OFF	ON	ON	2000 步/转
OFF	ON	OFF	4000 步/转
OFF	OFF	ON	5000 步/转
OFF	OFF	OFF	10000 步/转

表 13-2 输出电流设置表

DIP5	DIP6	DIP7	DIP8	输出电流
OFF	OFF	OFF	OFF	3.0 A
OFF	OFF	OFF	ON	4.0 A
OFF	OFF	ON	ON	4.6 A
OFF	ON	ON	ON	5.2 A
ON	ON	ON	ON	5.8 A

步进电机传动组件的基本技术数据如下：

步进电机步距角为 1.8°，即在无细分的条件下 200 个脉冲电机转一圈（通过驱动器设置细分精度，最高可以达到 10000 个脉冲电机转一圈）。

对于采用步进电机作动力源的 YL335－B 系统，出厂时驱动器细分设置为 10000 步/转。如前所述，直线运动组件的同步轮齿距为 5 mm，共 12 个齿，旋转一周搬运机械手位移60 mm。即每步机械手位移 0.006 mm；电机驱动电流设为 5.2 A；静态锁定方式为静态半流。

控制步进电动机运行时，应注意考虑在防止步进电机运行中失步的问题。步进电动机失步包括丢步和越步。丢步时，转子前进的步数小于脉冲数，越步时，转子前进的步数多于脉冲数。丢步严重时，将使转子停留在一个位置上或围绕一个位置振动；越步严重时，设备将发生过冲。使机械手返回原点的操作，常常会出现越步情况。当机械手装置回到原点时，原点开关动作，使指令输入。但如果到达原点前速度过高，惯性转矩将大于步进电机的保持转矩而使步进电机越步。因此回原点的操作应确保足够低速为宜；当步进电机驱动机械手装配高速运行时紧急停止，出现越步情况不可避免，因此急停复位后应采取先低速返回原点重新校准，再恢复原有操作的方法。(注：所谓保持扭矩是指电机各相绕组通额定电流，且处于静态锁定状态时，电机所能输出的最大转距，它是步进电机最主要参数之一)。

由于电机绕组本身是感性负载，输入频率越高，励磁电流就越小。频率高，磁通量变化加剧，涡流损失加大。因此，输入频率增高，输出力矩降低。最高工作频率的输出力矩只能达到低频转矩的 40%～50%。进行高速定位控制时，如果指定频率过高，会出现丢步现象。

此外，如果机械部件调整不当，会使机械负载增大。步进电机不能过负载运行，哪怕是瞬间，都会造成失步，严重时停转或不规则原地反复振动。

2. S7－200 PLC 的脉冲输出功能及位控编程

S7－200 有两个内置 PTO/PWM 发生器，用以建立高速脉冲串(PTO)或脉宽调节(PWM)信号波形。一个发生器指定给数字输出点 Q0.0，另一个发生器指定给数字输出点 Q0.1。

当组态一个输出为 PTO 操作时，生成一个 50% 占空比脉冲串用于步进电机或伺服电机的速度和位置的开环控制。内置 PTO 功能提供了脉冲串输出，脉冲周期和数量可由用户控制。但应用程序必须通过 PLC 内置 I/O 提供方向和限位控制。

为了简化用户应用程序中位控功能的使用，位控向导可以帮助用户在很短的时间内全部完成 PWM、PTO 或位控模块的组态。向导可以生成位置指令，用户可以用这些指令在其应用程序中为速度和位置提供动态控制。

开环位控用于步进电机的基本信息。

借助位控向导组态输出时，需要用户提供一些基本信息，逐项介绍如下。

1)最大速度(MAX_SPEED)和启动/停止速度(SS_SPEED)。

MAX_SPEED 是允许的操作速度的最大值，它应在电机力矩能力的范围内。驱动负载所需的力矩由摩擦力、惯性以及加速/减速时间决定。

SS_SPEED 的数值应满足电机在低速时驱动负载的能力，如果该数值过低，电机和负载在运动的开始和结束时可能会摇摆或颤动。如果该数值过高，电机会在启动时丢失脉冲，并且负载在试图停止时会使电机超速。通常，它是 M 值的 5%～15%。

2)加速和减速时间

加速时间 ACCEL_TIME：电机从 SS_SPEED 速度加速到 MAX_SPEED 速度所需的时间。

减速时间 DECEL_TIME：电机从 MAX_SPEED 速度减速到 SS_SPEED 速度所需要的时间。

加速时间和减速时间参见图 13－7，其缺省设置都是 1000 ms。通常，电机可在小于1000 ms 的时间内工作。这 2 个值设定时要以 ms 为单位。

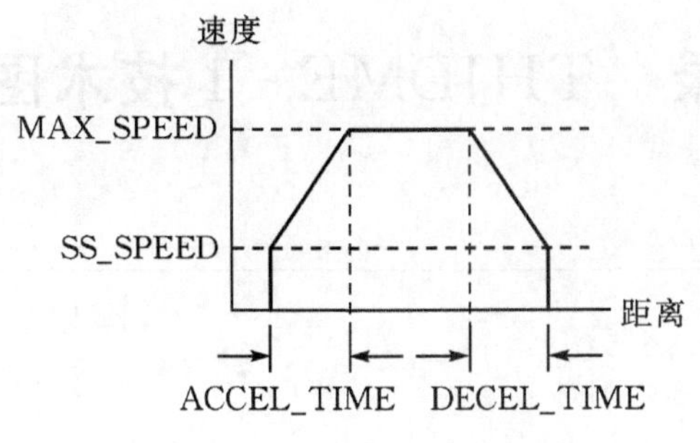

图 13－7　加速和减速时间

电机的加速和减速时间通常要经过测试来确定。开始时，应输入一个较大的值。逐渐减少这个时间值直至电机开始失速，从而优化应用中的这些设置。

3)移动包络

一个包络是一个预先定义的移动描述，它包括一个或多个速度，影响着从起点到终点的移动。一个包络由多段组成，每段包含一个达到目标速度的加速/减速过程和以目标速度匀速运行的一串固定数量的脉冲。

位控向导提供移动包络定义界面，应用程序所需的每一个移动包络均可在这里定义。支持最大 100 个包络。定义一个包络包括如下几点：

①选择操作模式；

②为包络的各步定义指标；

③为包络定义一个符号名。

支持相对位置和单一速度的连续转动两种模式，如图 13－8 所示，相对位置模式指的是运动的终点位置是从起点侧开始计算的脉冲数量。单速连续转动则不需要提供终点位置，一直持续输出脉冲，直至有其他命令发出，例如到达原点要求停发脉冲。

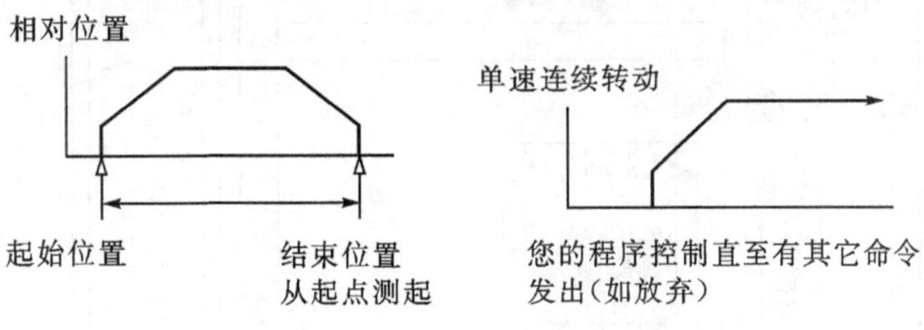

图 13－8　包络的操作模式

附录　THJDME－1 技术图纸

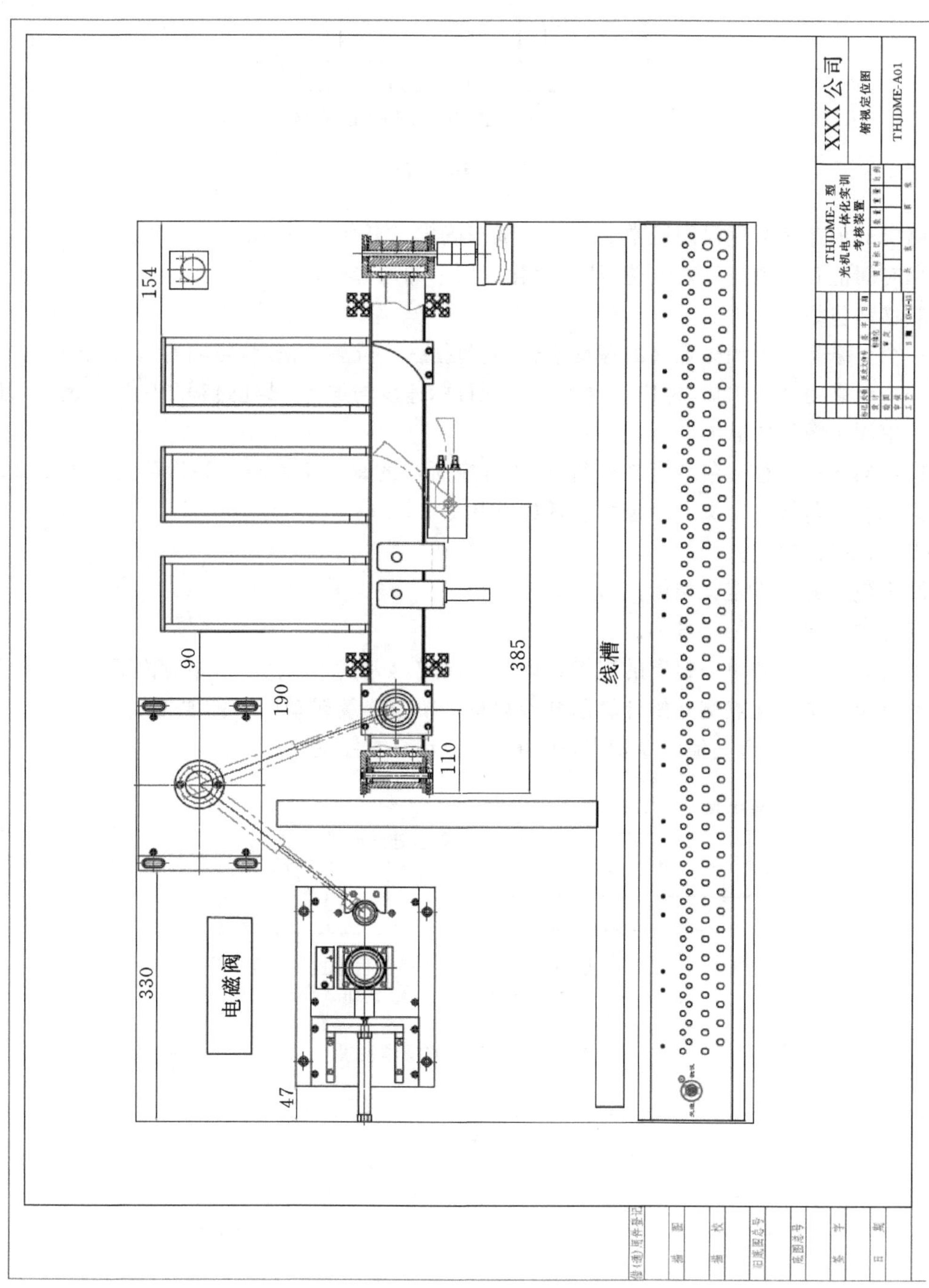

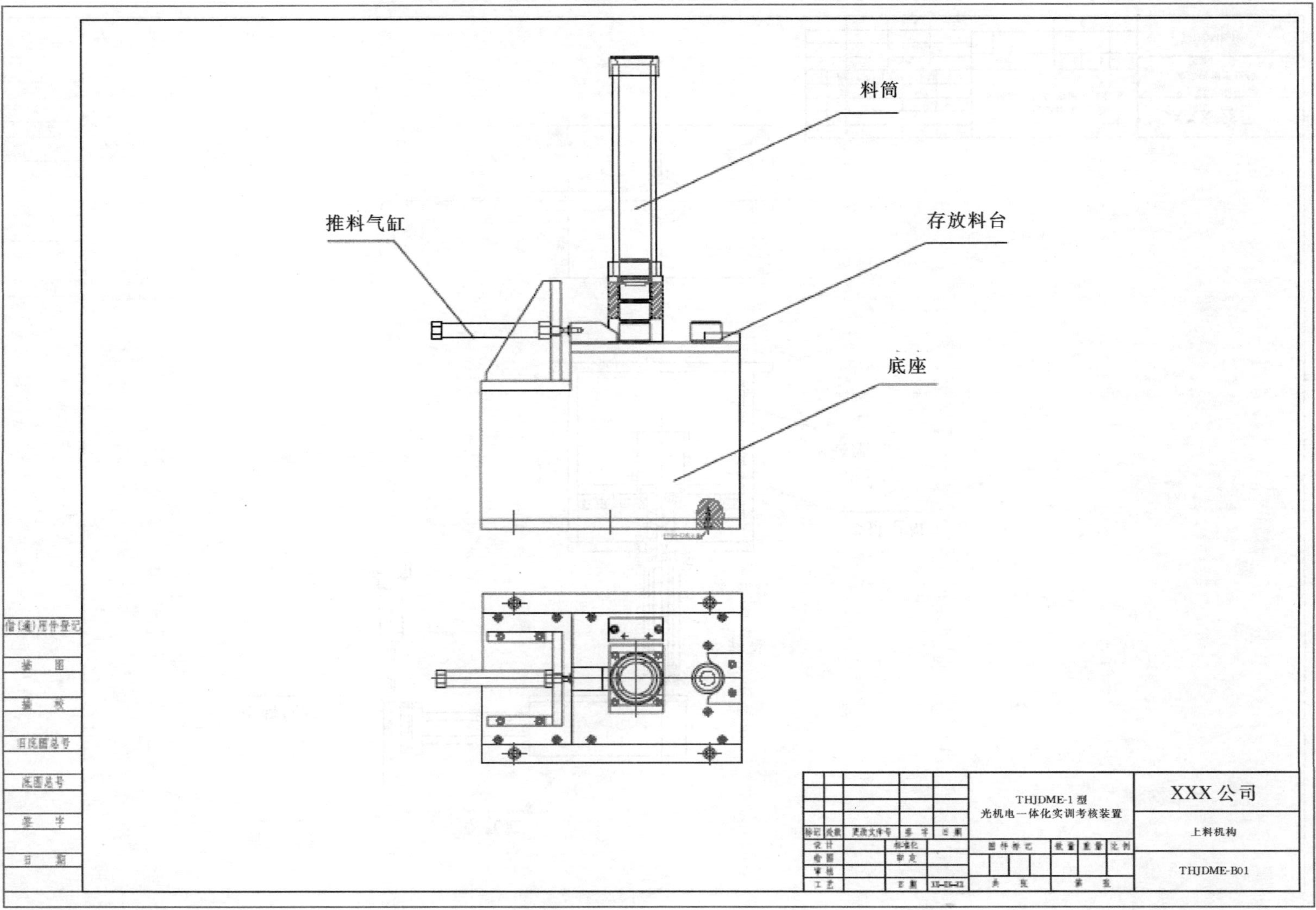
料筒
推料气缸
存放料台
底座
THJDME-1型
光机电一体化实训考核装置
XXX公司
上料机构
THJDME-B01

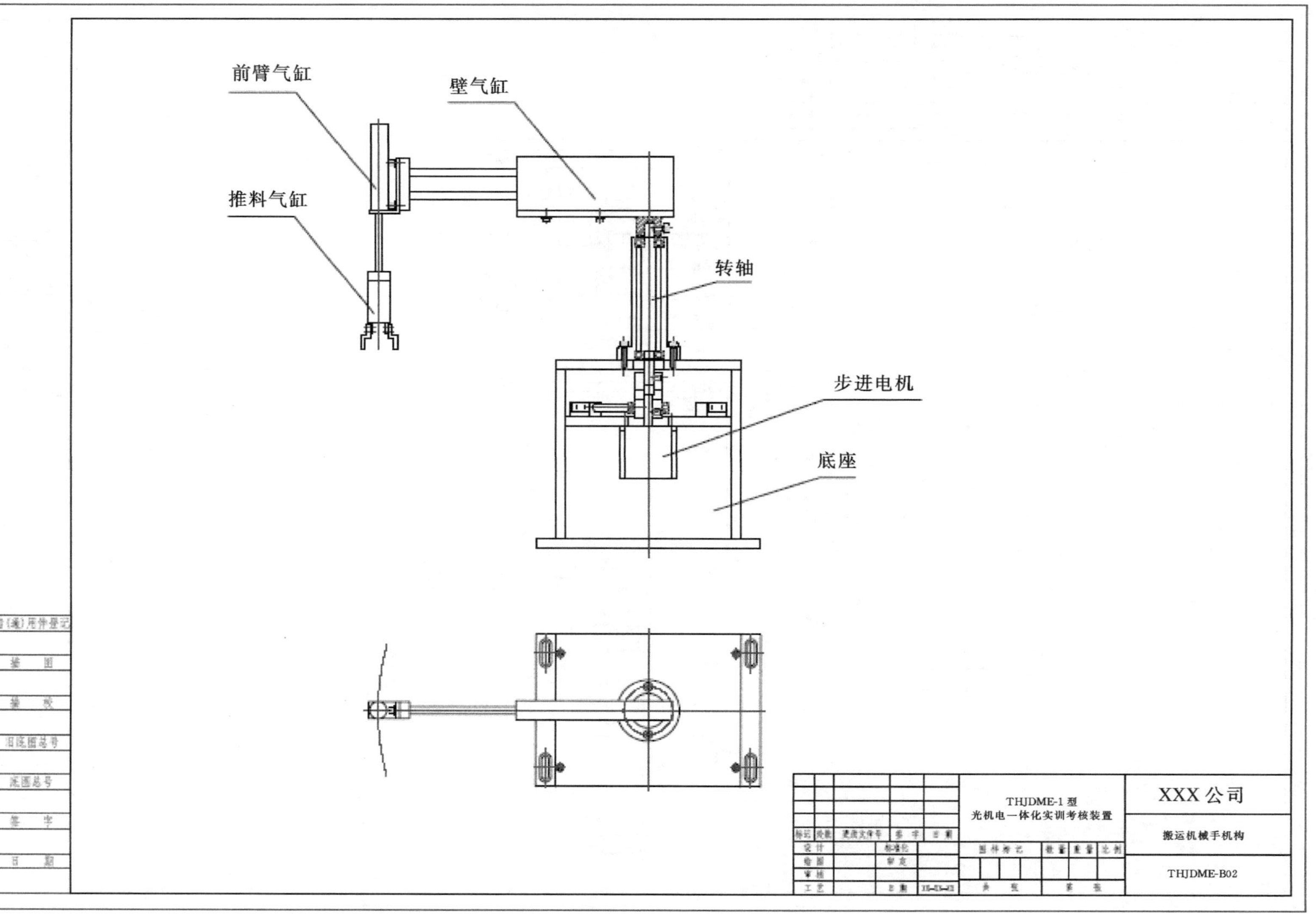
前臂气缸
壁气缸
推料气缸
转轴
步进电机
底座
THJDME-1 型
光机电一体化实训考核装置
XXX 公司
搬运机械手机构
THJDME-B02

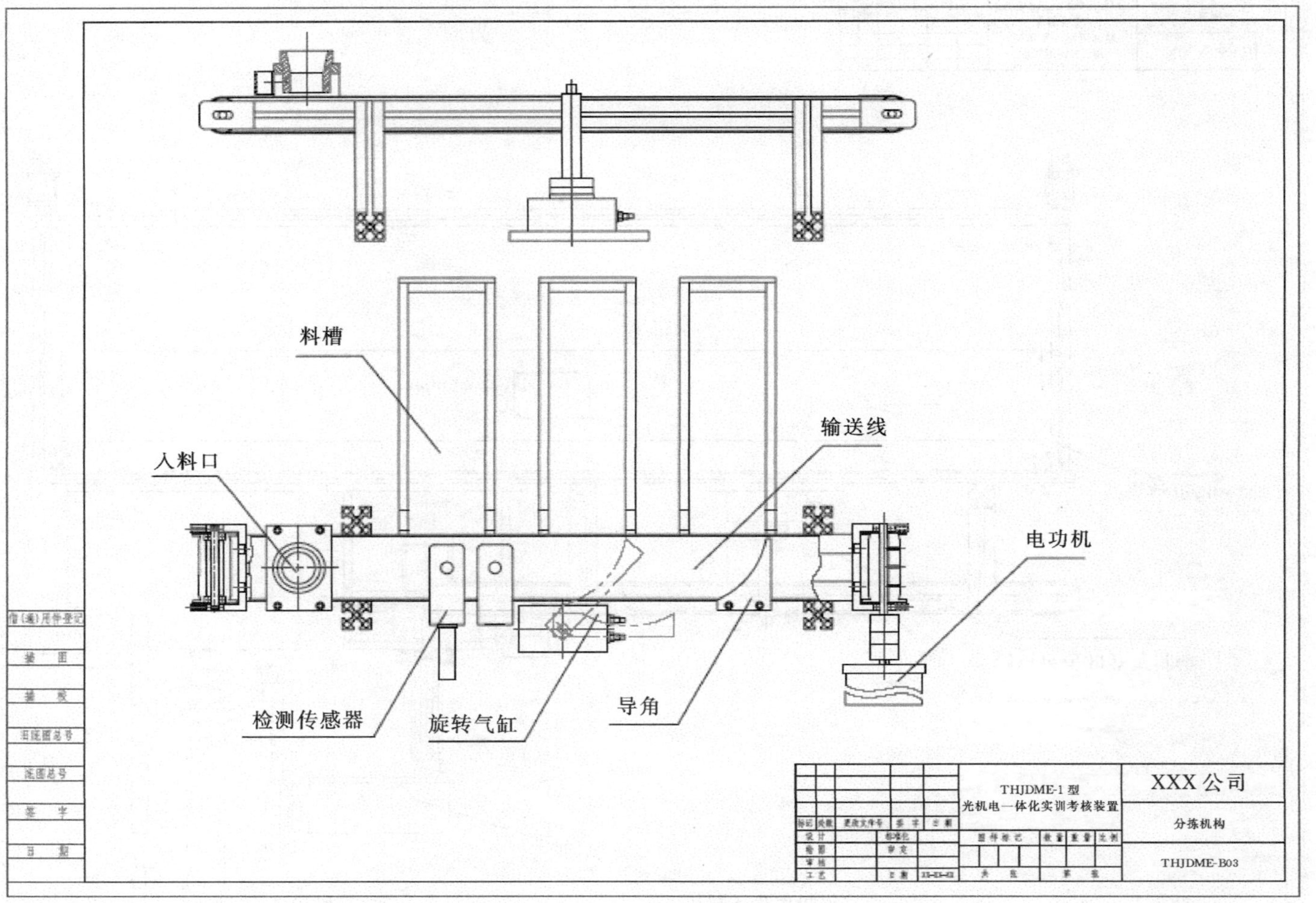

料槽
入料口
输送线
电功机
检测传感器
旋转气缸
导角
THJDME-1型
光机电一体化实训考核装置
XXX公司
分拣机构
THJDME-B03

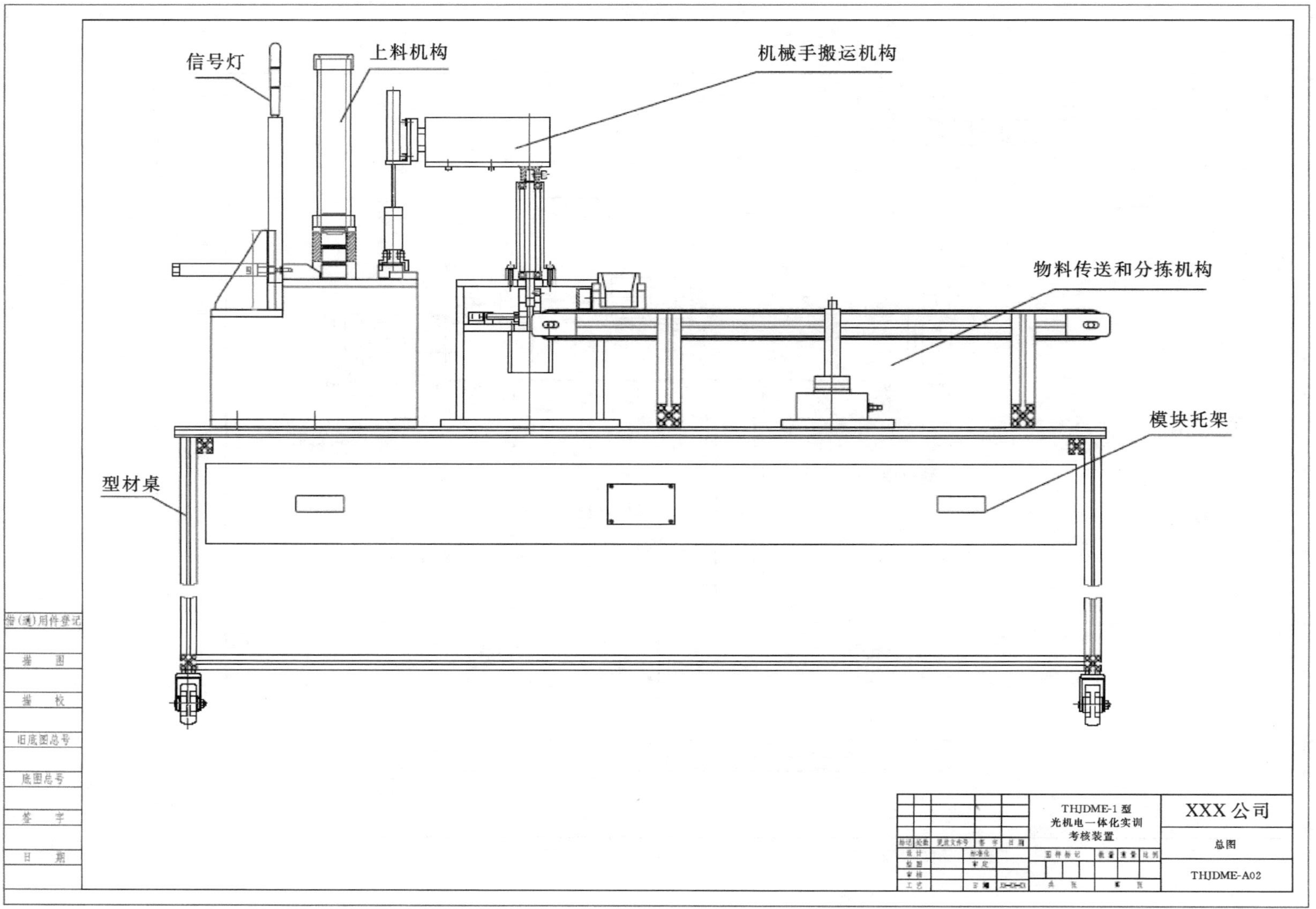

信号灯
上料机构
机械手搬运机构
物料传送和分拣机构
模块托架
型材桌
借(通)用件登记
描图
描校
旧底图总号
底图总号
签字
日期
THJDME-1型
光机电一体化实训
考核装置
XXX公司
总图
THJDME-A02

参考文献

[1]《机电一体化专业职业技能等级培训认证(高级工)》大纲.

[2]《亚龙 YL－335B 自动化生产线实训考核装备》实训指导书.

[3]邓其贵.变频器实训指导书.柳州:柳州职业技术学院,2010.

[4]THJDME-1 使用手册.

[5]童克波.现代电气及 PLC 应用技术[M].北京:北京邮电大学出版社,2011.

[6]夏燕兰.数控机床电气控制[M].北京:机械工业出版社,2011.

[7]黄永红.电气控制与 PLC 应用技术[M].北京:机械工业出版社,2011.